电能替代

典型案例集 2020

国家电网有限公司市场营销部◎编

电力供应与
消费领域

中国电力出版社
CHINA ELECTRIC POWER PRESS

图书在版编目（CIP）数据

电能替代典型案例集 2020. 5，电力供应与消费领域/国家电网有限公司市场营销部编. —北京：中国电力出版社，2021.1

ISBN 978-7-5198-5353-2

Ⅰ. ①电…　Ⅱ. ①国…　Ⅲ. ①电力工业–节能–案例–中国　Ⅳ. ①TM92

中国版本图书馆 CIP 数据核字（2021）第 025371 号

出版发行：中国电力出版社
地　　址：北京市东城区北京站西街 19 号（邮政编码 100005）
网　　址：http://www.cepp.sgcc.com.cn
责任编辑：杨敏群　孙世通　马雪倩（010-63412531）
责任校对：黄　蓓　常燕昆　朱丽芳
装帧设计：张俊霞
责任印制：钱兴根

印　　刷：三河市万龙印装有限公司
版　　次：2021 年 1 月第一版
印　　次：2021 年 1 月北京第一次印刷
开　　本：787 毫米×1092 毫米　16 开本
印　　张：31.5
字　　数：670 千字
定　　价：110.00 元（全 5 册）

本 书 编 委 会

主　编　李　明

副主编　刘继东

委　员　王　昊　张兴华　覃　剑

编写人员（按姓氏笔画排序）

丁　胜　万　鹏　马　超　马美秀　王　莹　成　岭

华　隽　刘　冲　刘　畅　刘　政　刘　博　刘　蕾

江　城　阮文骏　孙贝贝　李　斌　李树谦　李索宇

李海周　杨岑玉　吴　怡　何　为　张　凯　张　然

张　薇　苗　博　周博滔　郑元杰　赵　骞　饶　尧

桂俊平　钱宇轩　倪　杰　徐丁吉　徐桂芝　高照远

唐　亮　葛安同　程　元　雷明明　薛一鸣

前言

习近平总书记提出中国二氧化碳排放力争于 2030 年前达到峰值，努力争取 2060 年前实现碳中和，标志着中国能源转型进入新的发展阶段。面对"碳达峰、碳中和"新目标，进一步深入实施电能替代，提高能源消费端电气化水平，对于推动能源消费革命、落实国家能源战略、促进能源清洁化发展和节能减排意义重大。国家电网有限公司近年来大力实施电能替代，在供给侧推行清洁替代、在消费侧实施以电代煤（油），累计实施电能替代项目 31 万个，完成替代电量 8678 亿千瓦时，推动电能占终端能源消费比重提高了 2.8 个百分点，减少碳排放 2.5 亿吨以上，为促进社会节能减排、改善大气环境做出积极贡献。

为进一步加强电能替代技术交流与经验分享，指导帮助基层一线人员拓展电能替代广度深度，国家电网有限公司营销部组织各省公司认真总结电能替代实践经验，编写了《电能替代典型案例集 2020》系列丛书。本丛书共分 5 册，分别为《电能替代典型案例集 2020　工业领域》《电能替代典型案例集 2020　建筑供冷供暖领域》《电能替代典型案例集 2020　交通运输领域》《电能替代典型案例集 2020　农业领域》《电能替代典型案例集 2020　电力供应与消费领域》。丛书编写得到了国网河北、冀北、江苏、安徽、河南、四川等省电力公司，南瑞集团、国网综能服务集团，中国电科院、联研院等单位的大力支持。

本丛书案例来源于近两年各省电力公司推动实施的典型优秀项目，经过专家层层筛选，最终收录到丛书中，力求为电能替代工作人员提供借鉴、参考。

限于编者水平，书中难免存在不妥或疏漏之处，恳请广大读者批评指正。

编　者

2020 年 12 月

目录

案例 1
河北省廊坊市渤海油田钻井油改电项目（冀北）

一、项目基本情况

河北省廊坊市地处华北油田核心产区，对国家和地方经济建设贡献巨大。该项目位于廊坊东得胜、相士屯、李庄、王常甫 4 个村，油田采用燃油钻机进行地下石油和天然气开采，污染严重、噪声大。国网廊坊供电公司积极响应京津冀大气污染防治计划，推广使用电力驱动钻机替代燃油驱动钻机，实现石油和天然气清洁化开采。现场电钻机如图 1 所示。

图 1　现场电钻机

二、技术方案

1. 方案比较

方案一：燃油驱动钻机。优点：技术成熟，使用灵活，不受地域限制。缺点：噪声大，污染严重，自动化水平低，运行成本高。

方案二：电力驱动钻机。优点：技术成熟，运行成本低，无污染，噪声小。缺点：受电网覆盖能力影响较大，容易产生谐波等电能质量问题。

前期，经国网冀北电力与客户充分沟通，属地国网廊坊供电公司积极协调电源点，保障电钻机运行所需负荷容量供应；同时，在当地环保治理日益严峻的形势下，客户选择使用方案二。

2. 方案简述

以廊坊相士屯村油田钻井为例，累计安装 56 台电钻机进行石油和天然气开采，电钻机最大额定功率 75 千瓦，最小额定功率 37 千瓦，客户累计报装增容 3150 千伏安。

该项目所涉及的廊坊东得胜、相士屯、李庄、王常甫 4 个村，每处均增容 3150 千伏安，满足钻井负荷需求。后期客户根据开采需求，安装相应的电钻机设备。

三、项目实施及运营

1. 投资模式及项目建设

该项目中所有电钻机采购和施工均由客户出资建设、自主运营；外部配套电源产权分界点以上部分，主要是输变电设备，由国网廊坊供电公司出资建设；产权分界点以下配电变压器、配电线路等由客户出资建设。

2. 项目实施流程

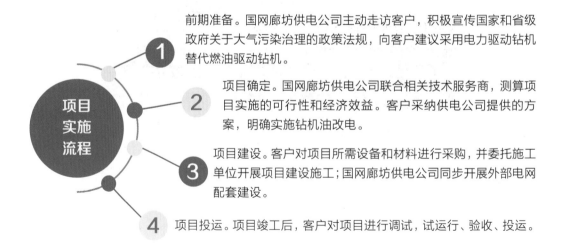

前期准备。国网廊坊供电公司主动走访客户，积极宣传国家和省级政府关于大气污染治理的政策法规，向客户建议采用电力驱动钻机替代燃油驱动钻机。

项目确定。国网廊坊供电公司联合相关技术服务商，测算项目实施的可行性和经济效益。客户采纳供电公司提供的方案，明确实施钻机油改电。

项目建设。客户对项目所需设备和材料进行采购，并委托施工单位开展项目建设施工；国网廊坊供电公司同步开展外部电网配套建设。

项目投运。项目竣工后，客户对项目进行调试，试运行、验收、投运。

四、项目效益分析

1. 经济效益分析

根据实际运行数据，采用燃油钻机时，发电机油耗约为 0.28 升/千瓦时，柴油价格取 5.80 元/升，折合用能成本 1.62 元/千瓦时。项目实施油改电后，执行一般工商业电价，平均电价约 0.65 元/千瓦时，较燃油钻机平均可降低费用 0.97 元/千瓦时。

项目每处增容 3150 千伏安，主要用电设备为电钻机，每处电钻机总功率按 2800 千伏安、年利用小时数 2500 小时进行测算，项目年替代电量约 2800 万千瓦时，年节约费用 2716 万元。

2. 社会效益分析

实施油田钻井油改电后，年替代电量 2800 万千瓦时，预计减排二氧化碳 18.21 万吨、二氧化硫 595.12 吨、氮氧化物 518.11 吨。

五、推广建议

1. 经验总结

项目主要亮点

传统柴油发动机作为动力源，能源利用率较低，且会产生大量有害气体和较大噪声，环境污染严重。实施油田钻井油改电后：

（1）直接从电网获得动力，提高了能源利用效率和钻机系统的稳定性。

（2）降低了生产过程中的噪声污染，实现大气污染物的零排放。

（3）节省了燃油和维护费用，生产更加安全、高效、环保。

（4）可满足复杂地址条件下钻井施工的需要，已在华北油田广泛应用。

（5）后期将根据开采需求实施电网增容，可形成规模化发展行业。

注意事项及完善建议

（1）油田开采一般在较偏僻地区，实施电能替代前需向当地供电公司确认电网容量是否能够满足负荷需求。

（2）电钻机负荷重，无功需求容量大，容易对电网造成一定冲击，需配备无功补偿、谐波抑制装置。

2. 推广策略建议

实施油田钻井油改电，可有效提升能源利用效率，降低噪声污染，减少污染物排放，实现油田节约、绿色、清洁和高效生产。该技术适用于电网覆盖范围内，有地下石油、天然气开采需求的场所。

案例 2
江苏省扬州市油田钻井油改电项目

一、项目基本情况

　　江苏省扬州市某油田公司是集石油勘探开发、油气生产、加工与销售相配套的综合性大型石油企业，年采油量约 155 万吨、天然气约 3700 万立方米。该项目地址位于扬州市真武镇和小纪镇，油田公司长期以来采用柴油钻机进行石油勘探，噪声大，污染严重，严重影响大气环境和周边居民生活。为切实解决上述突出问题，客户计划实施钻机油改电，将原有柴油钻机替换为电动钻机，项目已于 2020 年 4 月竣工投运。钻井油现场如图 1 所示。

图 1　钻井油现场

二、技术方案

1. 方案比较

方案一：采用燃油驱动的钻机。**优点：技术应用灵活，不受地域限制。缺点：污染**

严重，噪声大，能效低，运行成本较高。

方案二：采用电力驱动的钻机。优点：技术成熟，高效环保，噪声小，无污染，运行成本低。缺点：较大程度上依赖电力供应范围。

在与国网扬州供电公司确认电力供应无障碍的前提下，客户选择采用方案二。

2. 方案简述

该项目采用油气开采高品质电力驱动解决方案（包含谐波治理技术、电力电子传动技术、供配电技术），其特点为：

（1）在充分了解国内油气钻井动力系统和负荷特点的情况下，根据供电系统负荷特点设计高效节能的钻井电力驱动解决方案。

（2）系统以 IGBT 为核心原件，构建电力电子变流器，结合现代信息化控制技术，不断进行节能优化，实现多纬度感知，高品质电力供应。

（3）电能供应质量全部达到国家标准要求，电力供应稳定，节能效率显著。

三、项目实施及运营

1. 投资模式及项目建设

该项目由某节能服务公司出资建设，采用设备租赁型合同能源管理模式实施。在合同期内，油田公司按照每月用电量向该节能服务公司支付电费和一定的服务费；合同期满，节能公司将设备无偿移交给油田公司。

2. 项目实施流程

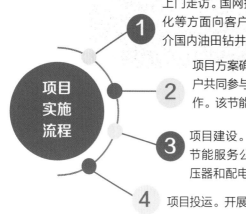

① 上门走访。国网扬州供电公司多次上门走访，从节能环保、工艺优化等方面向客户宣贯实施电能替代的可行性和必要性，为客户推介国内油田钻井改造的典型案例。

② 项目方案确认。为减少企业一次投入成本，该节能服务公司与客户共同参与项目投资建设，双方拟采用合同能源管理模式进行合作。该节能服务公司为客户编制了改造方案，得到客户的认可。

③ 项目建设。国网扬州供电公司完成项目外部配套电源建设，该节能服务公司按要求完成项目本体和产权分界点后的配电变压器和配电线路建设。

④ 项目投运。开展项目调试、试运行、验收，并正式投入运行。

四、项目效益分析

1. 经济效益分析

根据实际运行数据，采用燃油钻机的用能成本折合约 2 元/千瓦时，实施电能替代后的用能成本约 0.65 元/千瓦时，较之燃油钻机平均可降低费用 1.35 元/千瓦时。项目实施后，预计年替代电量 100 万千瓦时，年节约费用 135 万元。

2. 社会效益分析

项目实施后，可使周边噪声污染降低约 40%，且不存在污染物排放问题，在提高社会综合能效的同时也大大减少了对环境的破坏。项目预计年替代电量 100 万千瓦时，每年可减排二氧化碳 6501.3 吨、二氧化硫 21.25 吨、氮氧化物 18.51 吨。

五、推广建议

1. 经验总结

石油勘探钻机油改电技术能效比高、用能成本低、无环境污染，具有良好的应用前景。中石油、中石化等大型石油企业每年有大量的石油勘探工作，通过与节能服务公司合作，采用设备租赁型合同能源管理模式实施钻机油改电，可简化石油勘探工作流程，有效降低设备用能成本。

2. 推广策略建议

（1）钻机油改电技术广泛适用于石油、天然气开采领域。通常而言，油、气田开采位于偏远地区，电网规划是否能覆盖开采地点是项目能否成功实施的关键。因此，在项目实施前，应向属地供电公司确认电网覆盖范围。

（2）项目本体及配套电网建设通常一次投资大，可通过与节能服务公司合作实现双赢。在制定方案时，由客户负责建设的变电设备可采用移动式箱式变压器，在项目实施完成后，移动式变压器拆除后可用作其他钻井地区。

案例 3
吉林省松原市油气田钻井油改电项目

一、项目基本情况

吉林省松原市原油气井多位于偏远地区，目前客户使用的主力型钻机主要为柴油钻机，多为二十世纪八九十年代引进，由于设计落后、技术陈旧、设备老化，使用过程中会出现跑、冒、滴、漏等各种状况，噪声大、污染严重，生产成本高，严重影响施工效率及清洁环保。为积极落实国家大气污染防治计划的总体要求，客户拟对柴油机驱动的钻机进行电动化技术改造，实现石油清洁化开采。钻井设备如图1所示。

图1 钻井设备

二、技术方案

1. 方案比较

方案一：柴油驱动钻机。目前，钻井在用的每部钻机年均消耗柴油130吨、机油7.5吨，导致钻井成本居高不下；钻机使用年限长，跑、冒、滴、漏现象极为严重，严重污染环境；钻机不能调速，动力匹配不科学，无法满足现代钻井工艺要求。

方案二：电力驱动钻机。对于符合供电条件的油井，实施油改电后节能高效，直接减少因油价上涨导致的运行风险，实现钻井现场动力设备的零排放，机械噪声也大幅度下降，该技术具有良好的经济效益和社会效益。

通过对两种方案进行分析和对比，客户选择方案二。

2. 方案简述

钻机油改电就是对柴油机驱动的钻机进行电动化技术改造，通过多台高压电动机和无级调速液力耦合减速器改变钻机传统的柴油机驱动方式，将柴油机并车驱动改为交流电动机并车驱动。同时，为解决项目的供电问题，由国网松原供电公司为钻井客户架设临时电源点，安装变压器供电。当钻井工程结束后，配套电网设施可以拆除反复使用或更换小容量变压器为后期采油机供电。

三、项目实施及运营

1. 投资模式及项目建设

打井业务由客户自主经营，井地选址后，由客户进行用电业务办理以及相关配网设施的建设，项目涉及用电配套设备和钻井油改电由客户投资，用电容量为 2500 千伏安，项目总投资 100 万元，项目本体投资为 20 万元。

2. 项目实施流程

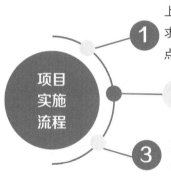

项目实施流程

1 上门走访。国网松原供电公司多次上门走访客户，在了解客户的需求后，向客户介绍了钻井过程中使用的新工艺和新技术，针对客户痛点，向其推介钻机油改电技术。

2 方案制定。客户在了解钻机油改电技术后，多次邀请国内专家团队上门指导，并委托编制项目建设方案，测算投资收益。

3 项目实施。客户完成物资和材料采购，开展项目施工建设，在外部配套电网覆盖后，开展项目试运行，并正式投入运行。

四、项目效益分析

1. 经济效益分析

针对油井开采油改电，改造前每口井柴油用量约 77 吨/年，柴油均价约 0.78 万元/吨，累计耗费 60 万元/年；改造后，每口井用电量约 35 万千瓦时/年，电价均价约 0.8 元/千瓦时（大工业电价，含基本电费），累计耗费 28 万元/年，为改造前费用的 46.67%。

针对气井开采油改电，改造前每口井柴油用量约 230 吨/年，柴油均价约 0.78 万元/吨，累计耗费 180 万元/年；改造后，每口井用电量约 100 万千瓦时/年，电价均价约 0.8 元/千瓦时（大工业电价，含基本电费），累计耗费 80 万元/年，为改造前费用的 44.44%。

2. 社会效益分析

① 采用电力驱动代替了传统柴油机驱动方式，减少在钻机过程中因油或油转换电造成的能源消耗，提高了能源利用效率。

② 项目实施油改电后，减少了二氧化碳、二氧化硫、氮氧化物等污染物排放，降低了井场噪声。

③ 与柴油机驱动设备相比，电力驱动设备运行（特别是变负荷作业时）更加平稳，噪声降低 50% 以上，改善了作业人员的操作环境，提高了工作舒适度。

④ 提升了电驱设备操作的平稳度和灵敏度，且能控制动力输出端的转速，使得操作更便捷和准确，有效避免了误操作，同时提高了钻井泥浆泵排量控制范围，为预防、处理复杂事故提供了便利条件。

五、推广建议

1. 经验总结

松原地区是油田大市，中石油和中石化每年钻井数量十分可观，因此积极推广油、气田钻井油改电可极大增加供电公司的售电量，支撑供电公司增供扩销工作。目前，国网松原供电公司钻井油改电项目已取得初步成效。2019 年统计的 998 口油井，实施油改电数量仅 99 口，占比 9.9%，仍有较大的提升空间。

2. 推广策略建议

（1）积极与相关政府部门进行沟通，争取优惠政策，助力油改电项目的推广应用。

（2）针对因实施电能替代用电容量增加而引起的配套电网工程费，制定服务优惠政策，为客户降低接入工程改造成本，鼓励用户实施油改电。

（3）供电公司与油田公司建立合作机制，增加沟通渠道，提前预知钻井信息，及时掌握钻井分布信息，结合未来发展可能，精确计算每块区域可以承受的架设线路长度，精准投资建设，助力油改电项目的推广应用，切实解决油改电实际困难，发挥示范引领作用。

案例 4
四川省内江市页岩气田开采油改电项目

一、项目基本情况

四川省内江市某页岩气田开发项目共有 10 个钻井平台，分布在内江市威远县辖区内，主要动力设备为钻井、压裂及其辅助等大功率电动机。项目改造前，采用柴油机直接驱动或柴油发电机组间接驱动电动机的作业方式，存在油耗高、噪声大、污染严重等突出问题。项目实施油改电后，接入 4 条 35 千伏专用线路，既保证了生产安全，还具有成本低、无污染、噪声小等优势。钻井现场照片如图 1 所示。

图 1　钻井现场照片

二、技术方案

1. 方案比较

方案一：全柴油驱动。优点：坚固耐用，维修方便，机动性高，不受电网建设周期影响。缺点：噪声大，油烟味重，对平台作业人员及周边村民的工作和生活影响较大；冬季冷车启动困难，生产成本随油价涨跌波动。

方案二：混合驱动。优点：降低对电网资源的依赖，作业选址机动性高。缺点：仍存在噪声大，污染严重问题。

方案三：全电动驱动。优点：高效节能，降低钻井用能成本；通过电网供电，原柴油发电机组可作为备用电源，提升项目可靠性；电网供电电压稳定，供电半径广，可对偏远地区实现全覆盖，能满足页岩气多点位分布的用能需求；有效减少施工噪声和废气污染物排放。缺点：钻井、压裂设备单回供电产生谐波，影响电网及钻井设备安全稳定运行；若发生供电故障，不可避免出现电力供应中断。

客户根据不同改造方案的优缺点对比，最终选择方案三。

2. 方案简述

国网自贡供电公司向项目提供 4 路 35 千伏专用线路供电，供电容量合计 150.4 兆伏安，目前项目运行容量 87.8 兆伏安，共有预装式配电变压器 16 台。其中 35 千伏专用线路 Ⅰ 供 34 号平台和 36 号平台，运行容量 12.6 兆伏安；35 千伏专用线路 Ⅱ 供 23 号平台和 39 号平台，运行容量 28.15 兆伏安；35 千伏专用线路 Ⅲ 供 26 号平台、27 号平台和 45 号平台，运行容量 37.6 兆伏安；35 千伏专用线路 Ⅳ 供 28 号平台和 29 号平台，运行容量 9.45 兆伏安。

三、项目实施及运营

1. 投资模式及项目建设

项目中钻井和压裂设备由客户出资建设，自主经营；项目配套电源产权分界点以上部分由供电公司出资建设，分界点以下的预装式变压器、配电线路等由客户出资建设。

预装式配电变压器如图 2 所示。

图 2　预装式配电变压器

2. 项目实施流程

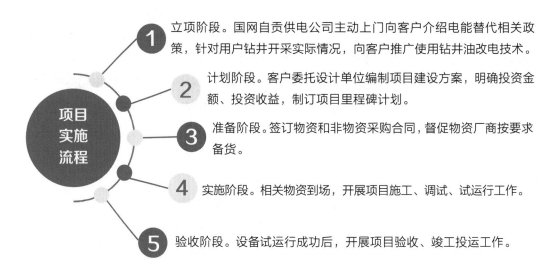

项目实施流程

1 立项阶段。国网自贡供电公司主动上门向客户介绍电能替代相关政策，针对用户钻井开采实际情况，向客户推广使用钻井油改电技术。

2 计划阶段。客户委托设计单位编制项目建设方案，明确投资金额、投资收益，制订项目里程碑计划。

3 准备阶段。签订物资和非物资采购合同，督促物资厂商按要求备货。

4 实施阶段。相关物资到场，开展项目施工、调试、试运行工作。

5 验收阶段。设备试运行成功后，开展项目验收、竣工投运工作。

四、项目效益分析

1. 经济效益分析

对客户而言，根据实际运行数据，采用燃油机直接驱动设备开采的用能成本折合约 2.12 元/千瓦时，实施电能替代后使用网电成本约 0.62 元/千瓦时，平均每千瓦时可节约费用 1.50 元。按照 2019 年替代电量 1836 万千瓦时测算，客户每年可节约成本 2756.29 万元。

2. 社会效益分析

以项目 2019 年替代电量 1836 万千瓦时进行测算，相当于每年减排二氧化碳 11.94 万吨、二氧化硫 390.23 吨、氮氧化物 339.73 吨。

五、推广建议

1. 经验总结

项目主要亮点

（1）电力驱动同时配备无极调速耦合器、高压补偿电容器、可调的微机保户装置、液态电阻软启动等高新技术设备，动力控制可靠，操作简单智能，能有效降低误操作预防事故的发生。

（2）从国网自贡供电公司获取供电电源，减少了温室气体和柴油颗粒以及二氧化碳、二氧化硫、氮氧化物等污染物的持续排放，消除了自备柴油发电机组运行时产生的噪声污染，切实保护了生态环境，为作业人员创造了良好的工作环境。

（3）石油、天然气价格呈增长趋势，电能在终端能源消费市场的竞争力将进一步增强，"以电代油"不仅提高了能源利用效率，也降低了能源支出成本。

注意事项及改善建议

（1）页岩气开采具有一定的随机性，因此电网规划要充分考虑各个开采地点的分布及出气可能性，避免后期电网供电能力不足。

（2）油气钻采的用电性质及地理限制对电网上级电源提出了更高要求，要持续优化网架结构，加强电网支撑，并对作业平台保留一定容量的柴油发电机组作为备用电源，避免电网故障引起重要负荷失电。

（3）钻井、压裂部分生产设备属于非线性负荷，应考虑电能质量评估，并制定治理技术方案。

2. 推广策略建议

（1）争取政府支持。供电公司在推广能源替代新技术、深入挖掘电能替代市场的同时，应积极向政府电力主管部门做好工作沟通和汇报，最大限度获取政府部门的支持。通过促进政府出台环保准入、财政补贴等支持性政策，加以价格引导等针对性措施，积极宣传油气钻采等领域电能替代的优势，推动客户改变能源消费习惯，为电能替代的实施创造良好的社会环境，切实推动电能替代工作持续发展。

（2）加强电网支撑。油气钻采的用电性质及地理限制对电网上级电源提出了更高要求，只有持续优化网架结构，加强电网支撑，才能保障油气钻采电能替代的有效实施。

案例 5
重庆市南川区页岩气田开采油改电项目

一、项目基本情况

重庆市南川地区页岩气储量丰富，预计产能 5.6 亿立方米，页岩气开采产业的兴起是煤层气开发建产的重大进步。页岩气开采存在建设周期短、工期紧、场所不固定、负荷变化大等特点，重庆某页岩气开采公司长期使用柴油机驱动的作业方式，存在污染严重、发电效率低、电能质量差、空气噪声大、设备损耗快等突出问题。

国网綦南供电公司积极践行绿色发展理念，推广页岩气开采油改电，为客户油改电项目提供政策及技术支持，以实际行动倡导"绿色、节能、智能、科技、低碳"生产。

二、技术方案

1. 方案比较

方案一：采用燃油驱动的钻机。**优点**：技术应用灵活，不受地域限制。**缺点**：污染严重、噪声大、能效低、运行成本较高。

方案二：采用电力驱动的钻机。**优点**：节能高效、能源利用率高、噪声小、零排放。

前期客户与国网綦南供电公司进行积极沟通，在确保油改电使用负荷电力供应的前提下，客户选择方案二。

2. 方案简述

国网綦南供电公司为项目提供 2 回 10 千伏线路供电，客户投资建设多台专用 12.5 兆伏安压裂用箱式变压器和 2.5 兆伏安钻井用箱式变压器。项目涉及电泵压裂负荷，国网綦南供电公司调整电网运行方式，批准客户在 3 条 35 千伏输电线路上就近接电，为客户一次性节省电网建设投资 1000 万元，最大程度降低了项目接电成本。

压裂机泵设备如图 1 所示，变压器设备如图 2 所示。

图 1　压裂机泵设备

图 2　变压器设备

三、项目实施及运营

1. 投资模式及项目建设

（1）在接电成本方面。项目钻井勘探用电由国网綦南供电公司负责建设 10 千伏线路至客户钻井平台，压裂用电由供电公司调整电网运行方式、开放 35 千伏输电线路就近接电，最大程度降低了接电成本，吸引了页岩气开采油改电。

（2）在接电时间方面。国网綦南供电公司与客户建立每月协调机制，开通业扩绿色通道，客户平均用电时间不超过 30 天，减少客户人力资源投入。

（3）在用电成本方面。国网綦南供电公司对油改电项目执行优惠电价政策，并邀请客户参加电网需求侧响应，持续有效地降低客户用电成本。

（4）在电费交纳方面。国网綦南供电公司同意客户支付一定量的汇票，相当于为客户提供 6 个月的无息贷款，进一步降低客户财务成本。

（5）在用电设备成本方面。国网綦南供电公司同意客户重复利用 1.25 万千伏安压裂用箱式变压器，0.25 万千伏钻井用箱式变压器。

2. 项目实施流程

项目实施流程

1 客户经理对接客户，收集客户的生产、需求信息。针对客户用能痛点，形成对应用能方案并测算方案经济性。

2 再次对接客户，推广项目建设模式和投资收益情况。双方达成一致，开展项目实施工作。

3 完成项目建设，监控项目实际运行情况，并进行项目投资收益分析。

四、项目效益分析

1. 经济效益分析

　　根据实际运行数据，考虑人工成本费用，采用燃油钻机时折合用电成本为 2 元/千瓦时，项目实施油改电后，执行一般大工业电价，平均电价约 0.85 元/千瓦时，较之燃油钻机平均可降低费用 1.15 元/千瓦时。

　　自项目投运以来，电能供应与质量均得到很大提升，2020 年全年用电量达 1.2 亿千瓦时，可降低客户用电成本 1.38 亿元。

2. 社会效益分析

1　　项目实施后，预计每年减排二氧化碳 78.02 万吨、二氧化硫 0.26 万吨、氮氧化物 0.22 万吨。

2　　采用电力驱动钻井，页岩气开采的安全性、稳定性、经济性均得到极大改善。

3　　该项目已成为典型案例并形成示范效应，目前南川地区页岩气开采项目已基本实现电能替代。

4　　项目实施后，页岩气开采公司安全事故数量急剧下降，每年在安全管理和周边纠纷协调方面支出的经费急剧下降。

五、推广建议

1. 经验总结

项目主要亮点

该项目抓住客户用电痛点，针对客户用电过程中遇到的困难和问题，提出行之有效的解决办法，并附经济性分析，从成本开支压降的角度找到突破点，进而从安全性、可靠性、高效性等方面进一步说服客户，最后进行电网线路改造，切实解决客户投资问题，同时为客户提供业扩配套工程服务，从根本上解决问题。

注意事项及完善建议

主要是客户用电量与业扩配套工程投入成本间的衡量，须注意考察客户的经营能力和生产能力，实现客户用电情况、经营能力和业扩配套工程投入资金之间的匹配，做好经济性分析和投资回报率的测算。

2. 推广策略建议

该项目类型适用于用电规模大、具有改造需求和对用电安全性、经济性要求较高的页岩气客户。具体推广策略为：

（1）因为客户用能习惯短时难以改变，需为客户做好综合技术经济分析，全面解答客户咨询疑问，能让客户"化心动为行动"。

（2）搞好软硬件建设，支持客户报装：① 硬件方面，结合客户大容量用电需求和农网升级改造，直接将电网升级改造并延伸至客户门前，吸引客户业扩报装；② 在客户自身产权设备方面，引入节能公司提供节能服务，进一步降低客户运营成本；③ 软件方面，为客户畅通绿色通道，专人督导、全程跟踪，以最快速度办理用电流程，竭力做好供电服务工作。

案例 6
山东省临沂市燃气管道电力降压项目

一、项目基本情况

某燃气公司位于临沂市郑山镇郑山街，是一家集管道燃气、建设、运营、维护及燃气设备销售为一体的城市燃气企业。燃气调压站的基本任务是将上级较高的进口压力调节至下游所需的出口压力，是燃气输配管网中连接各过程的重要环节。燃气进入调压站后，首先进行入口压力和温度监测，依次通过过滤器、流量计后再进入调压器进行降压，将出口压力调节到客户侧需要的压力，并使用自动压力记录仪对出口压力进行监测，保证燃气用具得到稳定的空气燃料比。该燃气公司在郑山街道设立调压站，通过3台压缩机对站点主管道进行降压处理，用于县城周边区域的燃气供应。

二、技术方案

1. 方案比较

方案一：柴油机降压。优点：成本较低。缺点：柴油机是将燃料的热能转化为机械能对外输出动力，能效低、稳定性差，存在飞车隐患；同时为防止机体温度高导致活塞拉缸、烧蚀，需定期盘车、保养，运维成本高。

储气井安全生产风险点告知牌如图1所示。

方案二：压缩机降压。优点：压缩机是利用原动机的能量将空气、液体的压力升高并对外做功，本身不产生动力，只是能量转换设备，构造相比柴油机简单，能效高、稳定性好、保养和维护费用较低。缺点：初始投

图1 储气井安全生产风险点告知牌

资较大，在生产过程中，对电力供应依赖度较高。

2. 方案简述

国网临沂供电公司结合客户需求，根据项目选址周边电源点情况，优化供电方案，协助客户投运 3 台额定功率分别为 110、110、315 千瓦，共计 535 千瓦的压缩机设备，负责对站点主管道进行降压处理，充分满足县城周边区域的燃气供应。

三、项目实施及运营

1. 投资模式及项目建设

该项目主要投资范围涉及 3 台压缩机设备，总投资约 200 万元，因属于客户资产，客户选择自行投资、建设、经营。

2. 项目实施流程

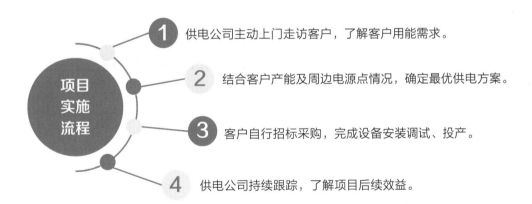

项目实施流程

1　供电公司主动上门走访客户，了解客户用能需求。

2　结合客户产能及周边电源点情况，确定最优供电方案。

3　客户自行招标采购，完成设备安装调试、投产。

4　供电公司持续跟踪，了解项目后续效益。

四、项目效益分析

1. 经济效益分析

项目实施后，预计每年可为企业节省能源消耗费用 49.54 万元，项目投资回收期 4.03 年。

2. 社会效益分析

 该项目年替代电量可达 29.62 万千瓦时，每年节省燃油 83 吨，可实现年减排 1925.69 吨二氧化碳、6.31 吨二氧化硫、5.48 吨氮氧化物。

 压缩机的工作环境更加优越，达到环保部门的各项指标要求。

五、推广建议

1. 经验总结

压缩机是常见的调压设备，已逐步替代传统的柴油机，在推广应用中，不仅助力客户提升了生产经济性、提高了安全稳定性，也有效助力地方大气污染防治工作，实现企业、政府的多方合作共赢。

2. 推广策略建议

（1）结合行业特点，针对相似客户进行针对性推广，主动进行走访调研，了解客户需求，根据当地电网负荷情况，优化电源点，减少客户初始投入，增强方案的可接受度。

（2）优化布局地方电网网架，尽量将高质量的坚强电网延伸到此类负荷集中区域，确保客户能够优先考虑电力降压的方案。

案例 7
四川省宜宾市页岩气管线电力加压项目

一、项目基本情况

蜀南气矿长宁页岩区块位于四川省宜宾市长宁县，属于长宁—威远国家级页岩气示范区，日产量超过 1000 万立方米。目前，长宁地区仅有一条试采干线和长宁页岩气输气干线可供页岩气外输，其输气量无法满足长宁页岩气区块及昭通产气的外输要求。因此，该项目拟对在建的长宁页岩气输气干线进行增压，以满足长宁和昭通页岩气区块的开发要求。管道线路如图 1 所示。

图 1 管道线路

二、技术方案

1. 方案比较

方案一：燃气往复式压缩机组。优点：排出压力稳定，适应压力范围较宽、流量调节范围极大、热效率高、压比较高无需外接电源和水，运行费用低。缺点：外形尺寸笨重、排量较小、气流有脉动且噪声大、环境污染严重。

方案二：电驱离心式压缩机组。优点：结构紧凑，尺寸小、质量轻；排气均匀、连续，无周期性脉动；转速高、排量大；工作平稳、振动小；使用周期长，可靠、易损件少；可直接与驱动机联运便于调节和节流，易实现自控等。缺点：压比较低，热效率较低，流量过小时会产生喘振。

电驱离心式压缩机组有许多突出的优点：噪声较小，节省能源，没有污染；自动化控制水平高，生产过程便于实现自动化操作。因此，客户选择方案二进行改造。

电驱离心式压缩机组如图 2 所示。

图 2 电驱离心式压缩机组

2. 方案简述

该项目从长宁页岩气田集输干线来气，在已建纳溪西站进行高低压分输，高压气出站进入增压站后通过 2 台电驱离心式压缩机组进行增压，再输回已建纳溪西站，2 台电驱离心式压缩机组单台装机功率 8.7 兆瓦，总功率 17.4 兆瓦，新建 35 千伏单回输电线路 2 条，其中北线 14.092 千米，杆塔 53 基；南线 14.218 千米，杆塔 53 基。新建 35 千伏客户加压站 1 座，主变压器容量 8 兆伏安×2，总容量 16 兆伏安。

三、项目实施及运营

1. 投资模式及项目建设

该项目投资范围主要涉及 2 台电驱离心式压缩机组、1 座 35 千伏客户加压站以及 2 条 35 千伏客户专用供电线路，由客户自主出资建设和运营。

2. 项目实施流程

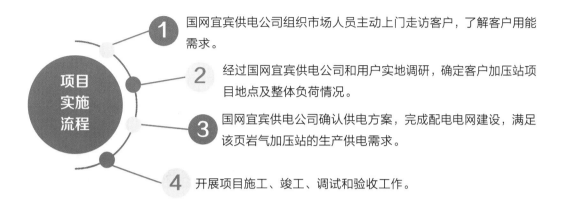

项目实施流程

1. 国网宜宾供电公司组织市场人员主动上门走访客户，了解客户用能需求。

2. 经过国网宜宾供电公司和用户实地调研，确定客户加压站项目地点及整体负荷情况。

3. 国网宜宾供电公司确认供电方案，完成配电电网建设，满足该页岩气加压站的生产供电需求。

4. 开展项目施工、竣工、调试和验收工作。

四、项目效益分析

1. 经济效益分析

蜀南气矿纳溪区新乐镇石银村压气站项目建成后，将长期承担长宁页岩气输气外输干线的增压工作，预计年用电量 3600 万千瓦时、电费 2200 万元。

2. 社会效益分析

该项目年电量约 3600 万千瓦时，预计每年可减排二氧化碳 23.41 万吨、二氧化硫 765.15 吨、氮氧化物 666.13 吨。

五、推广建议

1. 经验总结

项目主要亮点

采用清洁网电供电的页岩气增压项目，可使网电供电更加稳定、安全，比传统往复式压缩更加节约、环保，减少了环境污染。

注意事项及完善建议

　　进一步结合页岩气开发规划，优化电网规划设计布局，进行多方案比选，确定最佳方案，并快速建设，满足客户用电需求。

2. 推广策略建议

　　当前四川盆地页岩气已经到大规模商业开发阶段，页岩气开发及外输将继续保持增长态势，建议从以下三个角度推广：

　　（1）对其他页岩气开采、外输增压项目可采用清洁网电供电。

　　（2）对于已经采用燃气往复式压缩机组的页岩气外输增压项目，可结合现有电网布局以及开采周期进行新建线路实施网电供电。

　　（3）根据页岩气开采规划，合理做好配套电网规划，提前谋划，设置必要的电源点。

案例 8
新疆西部管道天然气电加压项目

一、项目基本情况

某公司位于新疆维吾尔自治区昌吉州玛纳斯县，主要从事天然气输送业务，其中有 3 台压缩机设备利用燃气驱动，能效较低，综合运行成本较高，且存在废气排放和一定安全隐患。为此，国网昌吉供电公司主动上门推广电能替代，针对该公司 3 台燃气驱动压缩机提出合理化、科学化电能替代建议，即以电驱压缩机替代燃气驱动压缩机，该公司投资 5 亿元对原有燃气驱动压缩机进行电能替代。项目新增 4 台 18 兆瓦电驱压缩机及其配套电力设施，增加用电容量 126 兆伏安。

二、技术方案

1. 方案比较

该公司原用燃气驱动压缩机（PGT25+SAC-PCL803）由英国通用电气公司（GE/NP）生产制造。随着现行政策不断推广和技术水平要求不断提高，燃气驱动压缩机逐渐暴露出的弊端有调速范围窄、效率低，机组运行可靠性低，环境污染大，噪声高等。

电驱压缩机是利用电能直接驱动压缩机，具有电机调速范围宽、效率高，机组运行可靠性高，停运灵活，环境污染小，噪声低等优点，应用于天然气输送行业可有效降低火灾、爆炸风险。电驱动压缩机较燃气驱动压缩机能效性显著提升，如电驱动压缩机满载效率指标为 95.8%，较燃气驱动压缩机高 60.8 个百分点，电驱动压缩机较燃气驱动压缩机全寿命周期成本大幅下降。

电驱压缩机与燃气驱动压缩机对比见表 1。

表 1   电驱压缩机与燃气驱动压缩机对比

类别	燃气驱动压缩机	电驱压缩机
输出功率	对温度、海拔以及湿度敏感	不同地域条件无需调整

续表

类别	燃气驱动压缩机	电驱压缩机
操作可靠性	97.5%	99.4%
使用率	<95%	99.95%
启动可靠性	成功率 90%	成功率 100%
速度控制范围	70%~100%	10%~100%
满载效率	<35%	95.8%
轻载效率	70%时，<25%	70%时，为 92%
加载时间	成功启动后 30 分钟	开机后立即完成
动态制动	不可能	标准
平均大修时间	平均 7 天	平均 1 天
污染排放	二氧化碳、氮氧化物	无
噪声	>90 分贝	85 分贝
对电网影响	无	满足谐波标准要求
全寿命周期成本	高	低

2. 方案简述

该项目新增 4 台 18 兆瓦电驱压缩机及其配套电力设施，其中新增的 2 台变频电驱压缩机和原有的 2 台燃气驱动压缩机暂处于备用状态，以备后期业务拓展，1 台燃气驱动压缩机与新增 2 台电驱压缩机并列运行，总用电容量 126 兆伏安。项目实施后省去了较复杂的燃气管道布置，节约了大量空间。

三、项目实施及运营

1. 投资模式及项目建设

（1）项目概算金额：5 亿元，由用户全额投资。

（2）项目建设内容：建设 4 台电驱压缩机、2 台配电变压器及配套电气设备等。

（3）项目投运时间：2019 年 1 月。

（4）项目建设情况：该企业在 2018 年 8 月发起用电申请，仅用时不到 3 个月，就完成了从申请用电到装表送电的全业务流程。

2. 项目实施流程

国网昌吉供电公司为客户提供一站式服务，助力西气东输工程，精简办电流程。

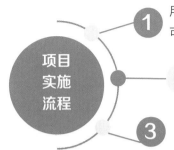

项目
实施
流程

① 用电信息普查，了解企业用能情况，向企业推广电能替代，并进行可行性分析。

② 现场勘察确定线路廊道及设备，编制可行性研究报告，确定实施方案。

③ 项目实施。验收完成后投运。

传统燃气驱动压缩机、电驱压缩机供电变压器、变频电驱压缩机如图 1~图 3 所示。

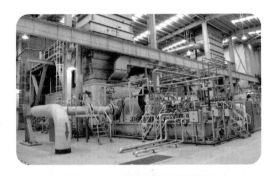

图 1　传统燃气驱动压缩机

图 2　电驱压缩机供电变压器

图 3　变频电驱压缩机

四、项目效益分析

该项目投运以来，系统平稳运行，各项指标达到项目可研预期值。主要技术指标、经济指标均有大幅提升。

1 技术指标评价

技术指标评价：项目实施前变频电驱压缩机调速范围较宽，一般为 10%～100%，而燃气驱动压缩机调速范围较窄，一般为 70%～100%，并且随着转速降低，其整体的效率也随之下降。变频电驱压缩机满载效率为 95.8%，而燃气驱动压缩机的满载效率小于 35%，变频电驱压缩机提高了机组效率，能更好地节能降耗。

2 经济指标评价

经济指标评价：燃气驱动压缩机的功率为 18 404 千瓦，年消耗天然气 8760 万立方米，天然气最低价格为 1.8 元/立方米，年运行费用约 1.58 亿元。项目实施后年替代电量约 2 亿千瓦时，电价为 0.31 元/千瓦时，年基本电费约 1800 万元，年运行费用约 8000 万元。该项目完成后每年可降低运行费用 7800 万元，7 年即可收回投资成本，大大降低了天然气输送成本，取得了很好的经济效益。

3 自然环境效益评估

燃气驱动压缩机是一种以空气及燃气为工质的旋转式热力发动机。高温高压烟气产生的废气直接排入大气中，废气中含有二氧化碳和微量氮氧化物。电能是一种清洁无污染的清洁能源，与传统燃气压缩机相比每年可节约天然气 8760 万立方米，减少二氧化碳排放 130 万吨，减少氮氧化物排放 3700 吨。

4 **工作环境评估**

　　生产、生活品质提升，燃气轮机驱动的压缩机组的噪声主要是排气噪声，约 95 分贝。而电机驱动的压缩机组的噪声主要在压缩机，约 85 分贝，机组整体噪声较低，有利于工作人员的身心健康。

5 **安全效益评估**

　　电驱动压缩机运行可靠性高达 99.4%，而燃气驱动压缩机运行可靠性约为 97.5%，电驱动压缩机具有相对较高的运行可靠性；燃气轮机不仅受温度、湿度、海拔等环境因素的影响，并且还受到比电机更多的仪表、润滑油及消耗品等因素的影响，安全可靠性相对较低。

五、推广建议

1. 经验总结

项目主要亮点

　　项目主要亮点在于其可观的经济效益和环境效益，年替代电量达 2 亿千瓦时，每年可降低运行成本约 7800 万元。同时，国网昌吉供电公司为更好地服务西气东输大客户，为客户提供了一站式服务。

注意事项及完善建议

　　天然气输送加压站大多位于郊外，项目实施需新建输配电线路较长，新建输配电线路投资及后期维护投入资金较大。建议项目建设与现有变电站选址科学合理规划，降低投资成本。

2. 推广策略建议

西气东输工程有利于促进我国能源结构和产业结构调整，带动东部、中部、西部地区经济共同发展，有效治理大气污染。西气东输工程是把新疆天然气资源变成造福新疆各族人民的大好事，也是促进沿线 10 省（市、区）产业结构和能源调整、经济效益提高的重要举措。电加压项目为西部大开发、将西部地区资源优势变为经济优势创造了条件，对推动新疆及西部地区的发展具有重大的战略意义，电加压项目发展前景广阔。

（1）项目实施中，需要政府及各行业配合，做好协调工作。

（2）天然气输送负荷较重，天然气加压项目都能够按照此类电能替代模式推广实施，既能实现经济效益，同时也能满足用户的用电需求，实现节能减排。

案例 9
江苏省丹阳市纸业公司燃煤机组关停项目

一、项目基本情况

江苏省丹阳市某纸业公司是一家大型造纸企业，公司 6MW 燃煤机组在 110 千伏用户变压器 10 千伏母线并网发电，项目初始总投资超 1 亿元，主要产品为蒸汽和电。2019 年 12 月底完成了锅炉烟气超低排放改造项目，同期投入运行，超低排放项目改造总投资费用 3800 余万元。

根据当地煤电行业淘汰落后产能目标的工作通知，该公司 6MW 燃煤机组应于2020 年 12 月关停。然而关停该机组对于该企业来说，不仅面临前期投资成本无法收回，且面临蒸汽断供的问题，这使得客户处于两难之地。

二、技术方案

1. 方案比较

方案一：彻底关停锅炉和发电机。关停锅炉后，企业断失蒸汽来源；关停发电机后，增加部分网供电量，增加用电成本；前期投资成本浪费，企业生产经营压力加大；关停设备较多，阻力较大。

方案二：仅关停发电机。保留锅炉，可确保企业用气来源，且关停设备少，较易推进；同时也存在发电机被重新启用，增加工作二次阻力的风险。

为减少关停给企业正常生产经营带来的影响，同时根据相关工作要求，客户选择方案二。

2. 方案简述

项目拟拆除过程如下：拆除发电机定子罩壳（前后对半开启）、抽出发电机转子（发电机定子因买家未定，拆除后存放及保护比较麻烦，拟考虑原位存放、保护、拆除励磁装置；完成后现场只有发电机定子空放在基座上）。拆除锅炉与汽轮机连接管道，拆除发电机组，拆除并网电力电缆，并网柜加封印。

三、项目实施及运营

1. 投资模式及项目建设

该项目发电机部分属于客户资产，由客户自行拆除。发电机部分拆除后，通过网电来维持企业生产的正常运行。

2. 项目实施流程

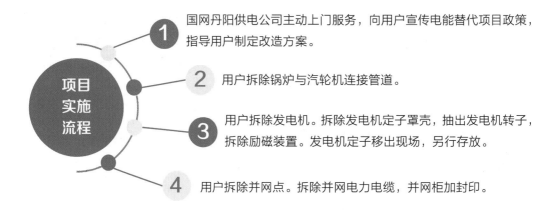

项目实施流程

1. 国网丹阳供电公司主动上门服务，向用户宣传电能替代项目政策，指导用户制定改造方案。

2. 用户拆除锅炉与汽轮机连接管道。

3. 用户拆除发电机。拆除发电机定子罩壳，抽出发电机转子，拆除励磁装置。发电机定子移出现场，另行存放。

4. 用户拆除并网点。拆除并网电力电缆，并网柜加封印。

四、项目效益分析

1. 经济效益分析

项目实施后，预计每年可增加网供电量近 4000 万千瓦时、增加电费 2700 万元。

2. 社会效益分析

淘汰关停落后煤电机组，完成关停落后煤电机组 200 万千瓦以上的目标任务，预计年减排二氧化碳 26 万吨、减排二氧化硫 850.17 吨、减排氮氧化物 740.15 吨。推进全省煤电高质量发展，实现煤电布局优化、结构优化，助力打赢蓝天保卫战。

五、推广建议

1. 经验总结

项目主要亮点

（1）"切入点"。根据相关文件要求，客户自备电厂已进入关停计划，对于客户自身而言，关停工作势在必行。

（2）"着重点"。主动向当地政府汇报工作进展情况，积极促请当地政府召开协调会，推动政府相关会议纪要中对企业补偿措施的落实，促请当地市政府及发改委协调、组织推进关停具体工作的落实，在客户侧组织召开关停工作的现场办公。

（3）"疑难点"。通过合理选择关停方案，降低关停机组对客户生产延续性造成的不利影响。

（4）"突破点"。自备电厂关停工作作为今年的一项重点工作，国网丹阳市供电公司不失时机地上门走访，在打通各个关节和做实关停方案上下足功夫。

（5）"落脚点"。设身处地为客户着想，换位思考为客户服务，协调解决客户遇到的困难，深刻认识服务型企业的内涵，改进工作作风，提升行政效率和服务质量。

正是如此，找准上述"五个点"，方能找准关停工作的"靶心"，做到有的放矢，真正把关停工作落实到"最后一公里"。

注意事项及完善建议

（1）要持续跟进服务工作，关心客户用电业务、替代气源建设和政策性补偿进度，与客户保持良好互动。

（2）要持续监督关停状态，防止已关停机组私自启用、并网发电。

2. 推广策略建议

（1）对已经进入政府关停工作计划表的自备电厂，根据实际情况开展走访调研。

（2）根据客户需求，有针对性地采取相关举措，及时推进落地实施。

（3）结合当地政策，打出组合拳，打消客户疑虑的同时，切实保障客户利益。

案例 10
辽宁省大连市燃煤自备电厂电能替代项目

一、项目基本情况

辽宁省大连市某公司是省属国有资产授权经营的特大型渔业联合企业,公司自备电厂于 1996 年建成,已运行 23 年,属于热电联产燃煤自备电厂。2019 年根据大连市蓝天工程相关要求,自备电厂已无法满足环保要求,计划整体关停改造,目前已停止运行。

(1)自备电厂装机情况。自备电厂共有机组 3 台,机组类型均为燃煤机组。各机组装机容量分别为 1.5 兆瓦×2、3 兆瓦×1,机组装机容量共计 6 兆瓦。

(2)自备电厂发用电情况。自备电厂为热电联产电厂,仅在每年冬季供暖期间发电,主要为企业办公楼以及周边居民区冬季供暖。拆除前,自备电厂年发电量约 1100 万千瓦时。

二、技术方案

1. 方案比较

方案一:工业电锅炉。优点:热转换效率比较高;环保节能;设备在启动之后不会有任何的噪声;使用过程中不会产生任何有害气体,不会像燃煤锅炉那样产生污染问题。缺点:前期的投入大且运行费用较高,耗电量较大;要求客户留有足够的变压器容量;同时,存在一些安全隐患,如果长时间使用可能会出现发热现象,可能会出现着火情况,建议不要不间断长期使用。

方案二:电(蓄热)集中供暖锅炉。优点:节能环保,蓄热式电锅炉是非常理想的燃煤锅炉替换品,无环保压力;运行费用比传统电锅炉可降低 40%~50%,利用峰、谷、平电价差,在夜间低谷电时段,将蓄热体加热并以热能形式储存起来,在需要热量的时候将低谷电时间段储存的热量释放出来,满足供暖所需热量。缺点:蓄热式电锅炉最明显的缺点,也是要求客户留有足够的变压器容量;变压器容量不足的用户,可能会面临变压器增容的问题,对于部分用户来讲,意味着较大额外资金压力。

方案三:热电联产电厂(华能)集中供热。优点:节能环保,集中供热可提高能源利用效率，减轻大气污染提高供热质量；大型热电联产企业对炉型选择、除尘方式、脱硫方式甚至脱硝方式都经省级环保部门评估论证，有完善的除尘设备，从而确保将污染减低到允许范围内；可对区域内较大面积供暖需求的用户提供供热服务。缺点：可控性差，集中供暖的时间和温度都不能由用户自己控制，有时室内温度过高或过低时，用户无法自行进行控制调节；散热片需要占据部分空间等。

由于客户性质属于企业及周边居民小区，供暖区域面积较大，而且冬季供暖期需全时段 24 小时供热，属于长时间使用。另外，由于客户自管变电站内 2 台 4000 千伏安变压器冬季高峰负荷都在 80% 以上，已无负荷余量。客户虽然远期计划进行增容改造，但目前变压器容量无法满足蓄热式电锅炉容量要求。因此客户从经济性、可靠性、安全性、便捷性、减排效益等维度综合考虑，最终选择方案三。

2. 方案简述

由当地热电联产企业在该公司厂区内设置供热站，为厂区内办公楼及周边居民小区进行集中供热。

三、项目实施及运营

1. 投资模式及项目建设

该项目自备电厂部分拆除，由客户自身投资实施。厂区内办公楼及周边居民区供热站及相关管线铺设工作，由当地热电联产企业出资建设，并负责后期运营工作。按市发展和改革委员会相关要求，在客户自备电厂拆除工作完成后，由第三方评估机构大连市供热办进行现场核查验收，验收通过后，客户可领取相关政策补贴 2000 万元。

2. 项目实施流程

1 国网大连供电公司组织市场人员上门走访用户，向客户宣传电能替代项目政策，协助用户制定燃煤自备电厂关停方案。

2 客户申请燃煤自备电厂销户，并现场对燃煤锅炉电气设备及管线进行拆除工作。

项目实施流程

3 大连市热电联产企业完成集中供热站及相关管线铺设工作。

4 客户完成对燃煤自备电厂厂房建筑主体及自备电厂烟筒进行拆除工作，并通过第三方评估机构大连市供热办现场验收。

四、项目效益分析

1. 经济效益分析

改造前，自备电厂的发电成本约 0.75 元/千瓦时，改造后执行电价约 0.5156 元/千瓦时，节约费用约 0.2344 元/千瓦时。客户年替代电量约 1100 万千瓦时、节约费用 257.84 万元。

同时，每蒸吨锅炉享受补贴 25 万元，4 台 20 万蒸吨锅炉共计补贴 2000 万元。

2. 社会效益分析

自备电厂年替代电量为 1100 万千瓦时，预计每年可减排二氧化碳 7.15 万吨、二氧化硫 233.8 吨、氮氧化物 203.54 吨，为电能替代推广以及节能环保起到了积极推动作用。

五、推广建议

1. 经验总结

项目主要亮点

随着国家节能减排政策不断深入进行，北方地区位于大型热电量产企业可提供集中供暖的区域，可逐步推广集中供热（供气）替代燃煤（油）自备电厂项目。

注意事项及完善建议

项目在实施运维过程中，涉及政府、燃煤自备电厂企业、大型热电联产供热企业以及供电企业等多部门及单位，应及时获取项目改造各阶段工作进度。

2. 推广策略建议

目前，部分地方燃煤发电厂及企业自备电厂均有关停拆除需求或规划。应根据国家加大环保政策力度要求，积极向相关客户介绍拆除燃煤自备电厂所产生经济效益和社会效益推动以及相关案例，促进相关企业燃煤自备电厂拆除工作加快进行。

案例 11
安徽省合肥市融合站安保电源油改电项目

一、项目基本情况

　　该多站融合示范站位于安徽省合肥市滨湖科学城内，周边区域的电动汽车、数据中心站、5G 基站等产业发展迅速，为充分满足新基建爆发式的迫切需求，国网合肥供电公司充分盘活 9797 平方米公交换电站场地资源，创新打造集数据中心站、充电站、换电站于一体的多站融合示范项目。随着大型数据中心站的入驻，融合站安保电源的建设迫在眉睫。为充分满足全站负荷不可间断、能源绿色发展相关要求，国网合肥供电公司创新运用电池活化技术，实现退役电池梯次利用，建设可向全站 4 小时不间断供电的 1.344 兆瓦时储能站，替代传统的柴油发电机安保电源。图 1 所示为融合站鸟瞰图；图 2 所示为数据中心站机房；图 3 所示为储能站电池柜。

图 1　融合站鸟瞰图　　　　　　　　图 2　数据中心站机房

图 3　储能站电池柜

二、技术方案

1. 方案比较

方案一：柴油发电机组。

优点：发电机对工作环境要求低，带非线性负载能力强，一次性投资低。缺点：启动到稳定供电时间一般在 10～60 秒之间，而且维护成本高、运行噪声大，耗能成本高，易产生大气污染。

方案二：UPS 电源。

优点：电源切换时间可达毫秒级，响应速度快。缺点：容量小，持续时间短。

方案三：梯次利用储能站。

优点：电源切换时间可达毫秒级，响应速度快，清洁环保，运行成本低，容量可根据负荷定制。缺点：改造成本相对较高；运行环境要求高。

数据中心站安保电源方案对比见表 1。

表 1　　　　　　　　　　数据中心站安保电源方案对比

序号	项目	柴油发电机组	UPS 电源	梯次利用储能站
1	功率	250 千瓦	250 千瓦/250 千瓦时	250 千瓦/1.344 兆瓦时
2	投资	15 万元	30 万元	20 万元
3	满载续航里程	长期	1 小时	5 小时
4	响应时间	10～60 秒	10 毫秒	10 毫秒
5	运行成本/年	10 万元	0.5 万元	2 万元

从表 1 可以看出，采用梯次利用储能站，降低投资成本的同时，满足应急电源的配置需求，且性价比高。因此选择方案三。

2. 方案简述

利用站内场地富裕空间，集中建设 1.344 兆瓦时电池储能站，经交直流逆变器后并在站内配电房低压母排。储能站采用 50%夜充日放的运行方式，一方面可参与源网荷储友好互动，进行需求侧响应，提高全站收益率；另一方面，可有效保障全站负荷在市电失电的情况下，稳定运行 2 小时以上。

三、项目实施及运营

1. 投资模式及项目建设

该融合站由当地综合能源公司统一对外运营，入驻了当地通信运营商的数据中心站、多家新能源车企的充换电站，综合能源公司与入驻企业进行结算并获取收益，故电化学储能站由综合能源公司投资建设。

2. 项目实施流程

项目实施流程

① 综合能源公司针对全站负荷曲线进行预测分析，分别统计出全站负荷 4、2 小时的容量需求，并按 4 小时需求设计储能站额定容量、按 2 小时需求设计储能站运行方式。

② 编制可行性研究报告并经评审后，决策投资实施该项目。

四、项目效益分析

1. 经济效益分析

① 降低运营成本

250 千瓦/1.344 兆瓦时梯次利用储能站按照谷段时间充电、峰时段放电模式获取收益，降低场站整体电费成本支出。按照"峰谷套利"模式，考虑一定余量备用容量，按照两充两放运行方式，预计储能收益 12 万元/年。

② 促进新能源消纳

配置储能站，可以提升电网分布式光伏等新能源消纳能力。按照 20% 的配置率，250 千瓦/1.344 兆瓦时储能站可为电网提供 1.25 兆瓦的新能源消纳额定，每年可间接提供 1200 兆瓦时、约 74 万元的清洁能源。

2. 社会效益分析

推广储能站作为全站的备用电源，通过实施电能清洁替代，每年可减少 2100 千克柴油消耗，增加 6529 千瓦时售电量，相当于节省标准煤 16.4 吨，每年减排二氧化碳 42.5 吨、二氧化硫 0.14 吨、氮氧化物等气体 0.12 吨。为电能替代推广以及环保起到了积极推动作用。

五、推广建议

1. 经验总结

传统柴油发动机作为安保电源，能源利用率较低、经济效益差、安全隐患大，而且会产生大量的有害气体排放和较大的噪声，环境污染严重。

采用电化学储能作为安保电源，可以实现：

（1）运行方式灵活，可通过峰谷价差、需求侧响应，进一步增大使用主体获利，降低投资回收年限。

（2）安保电源无延时接入，确保重要负荷电源不间断供应。

2. 推广策略建议

（1）针对有安保电源需求的重要客户进行推广。

（2）针对场地空间不足或消防要求较高的客户进行重点推广。

（3）针对有参与市场化交易、需求侧响应的重要客户进行重点推广。

案例 12
江苏省苏州市全电景区项目

一、项目基本情况

江苏省苏州市周庄古镇是全国闻名的 5A 级旅游景区，小桥流水，游人如织，尽显江南美景。在周庄核心景区内，有 76 家小餐馆、小饭店为游人提供餐饮服务。一直以来，小餐馆都采用瓶装燃气作为主要的厨房热源。瓶装燃气稳定性差，危险性高，多次发生安全事故，存在巨大的安全隐患，而周庄古镇内的主要景点均以木质结构建筑为主，一旦瓶装燃气引发火灾将产生难以估量的损失。另外，燃气灶本身能效低，大部分不足 50%，加上明火燃烧消耗空气中氧气，降低厨房含氧量，会对厨房工作者造成不适，并且产生大量污染气体。

二、技术方案

1. 方案比较

通过对智能化厨房设备厂家的市场调研，江苏某公司进入备选名单，该公司主要进行智能化厨房设备生产及厨房用电系统改造，产品设计思路及理念都符合安全、清洁、高效的初设。经过对产品方案的了解，结合实际使用情况，针对不同类型餐饮营业场所提供了定制化的厨房设备组合方式。涉及双头单尾小炒灶、单头单尾小炒灶、双头大锅灶、单头大锅灶、海鲜蒸柜、电磁煲仔炉、平头汤炉、七星蒸包炉、肠粉炉、台式凹面炉、台式平面炉等智能厨房设备，全部设备均以电能为能源，放弃以往的液化石油气和气化炉，厨师炒菜、蒸箱做饭的方式发生了转变。

2. 方案简述

根据改造设备的功率统计（设备总功率约为 1900 千瓦），需要增容的商户共 72 户。同时，对与餐饮客户原厨房间用电线路进行改造，对老化线路及 pvc 电线管进行拆除更新，全部替换为镀锌钢管。电厨具上级控制空气开关均选择符合用电功率的漏电保护开关，保证厨房用电安全。

通过对景区内不同餐饮客户的制作菜品工艺流程的细致调研，结合实际运行情况，给出针对性的设计方案。部分客户改造后的情况如图1~图3所示。

图1　双头大锅灶

图2　平头汤炉

图3　气改电后厨房控制开关

三、项目实施及运营

1. 投资模式及项目建设

周庄镇政府旅游公司旗下饭店的改造由客户出资，政府进行部分补贴；核心景区内餐饮户改造则由周庄镇政府全额投资，设备采购费用约84万元，配套食堂改造费用约65万元，总项目投资149万元。增容涉及的外部工程配套建设由国网昆山市供电公司承担，约100万元。国网江苏综合能源服务有限公司负责"全电厨房"的内部改造指导。共改造景区内餐饮户76家，新增电厨具228套。

2. 项目实施流程

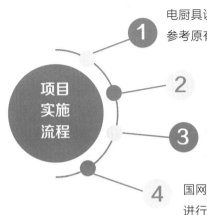

项目实施流程

1. 电厨具设备商逐户勘察餐饮商户，按照餐饮商户的最大用餐人数，参考原有厨房设备，进行灶具选型。

2. 电厨具设备商制订计划，确保在对原有灶具继续使用的情况下，先定制电磁灶具，设备到场后，一天内一次性按照安装要求进行安装，不影响经营。

3. 在所有工作内容均完工后，国网昆山市供电公司联合相关单位开展竣工验收及设备调试工作。

4. 国网昆山市供电公司根据现场情况，单独布线至厨房，客户可进行挂表实测比对能耗。

四、项目效益分析

1. 经济效益分析

据测算，改造前每年平均每家餐馆成本约合 7.2 万元；实施餐饮电气化改造后，平均电费支出为 2.7 万元，较改造前每年可减少成本 4.5 万元。在设备成本方面，电器设备成本约为 5 万元，内部线路改造费用约为 2 万元，总计约合 7 万元。根据每年能源节约金额 4.5 万元计算，一年半后可实现成本回收。

2. 社会效益分析

全电厨房与传统厨房优势对比见表 1。

表 1　　　　　　　　　　全电厨房与传统厨房优势对比

项目	电磁炉灶	燃气炉灶
安全（火灾隐患）	无	油温过高发生火灾； 存在煤气泄漏引起的火灾及爆炸等危险
环保（废气排放）	无	一氧化碳、二氧化碳等废气排放，污染环境
噪声（工作噪声）	无	鼓风机工作时的强烈噪声
温度（工作时温度）	无	至少高 3~5 摄氏度
水浪费	无	因为炉面温度太高，需长流水降低温度，平均流速为 50 升/小时

五、推广建议

1. 经验总结

（1）通过全电智能厨房的建设，理论上能源消耗比传统厨房节省近 70%，在有效降低运营成本的同时，可以为客户提供安全、美味、高效的服务。该餐饮电气化改造项目，国网昆山市供电公司联合国网江苏综合能源服务有限公司、周庄镇政府，建立了"强前端、大后台"的联合作业团队，制定了三方联动的"全电厨房"改造方案，创新建立了"餐饮电气化+用电无忧"一站式服务，为客户提供全电厨房改造建议及相关配套的办电、接电、用电绿色通道，最大程度降低客户接电成本，主动提供合理用电、安全用电服务，显著提升了客户电气化改造体验。

（2）实施过程中要因地制宜，根据客户需求"一对一"制定专属方案。

2. 推广策略建议

（1）目标客户。智能电厨房系统适用于对明火严令禁止的各古镇、景区内的餐饮客户，同时也适用于各类团餐单位，如学校食堂、政府单位食堂、机关食堂、企业食堂等。

（2）推广策略。

1）加强政策引导，促请政府部门针对景区、学校、政府机关等公共建筑出台实施智能电厨房的支持政策，尤其是补贴政策来支撑相关单位开展智能电厨房改造建设。

2）优化服务举措，开通全电厨房业扩报装绿色通道，为客户免费提供电能替代设计服务，快速响应业扩报装需求，优先建设配套电网工程，限时限刻完成接电工作，同步做好用电指导，保证客户办电省时、用电省钱。

案例 13
新疆维吾尔自治区昌吉州全电景区项目

一、项目基本情况

江布拉克景区位于新疆奇台县半截沟镇南部山区，国家 4A 级旅游景区，是古丝绸北道重要景区之一。随着近年来景区开发日益成熟规范，为了旅游发展与生态保护互为促进，逐步形成良性循环，以江布拉克景区电采暖试点示范项目为契机，牵手当地旅游开发建设公司，助力"电化景区"大发展，积极推动实施电能替代工程，促进景区"含绿量"更高，旅游业"含金量"更大。围绕"零排放、无污染、无噪声"的目标，逐步在景区交通、住宿、餐饮等各领域实施电能替代改造，实现景区清洁能源全覆盖，共建"天更蓝、水更绿、土更净"的生态核心保护景区。景区蒙古包群图如图 1 所示。

图 1　景区蒙古包群图

二、技术方案

1. 方案比较

采暖

● 电采暖

优点：安全可靠，温度与时间可调节，适用于地理位置较为分散的建筑环境，使用时间选择性强，无排放、无污染、无噪声，环保性突出，使用方便。

缺点：一次性投资相对较高，设备功率较大。

● 油汀等传统采暖

优点：成本相对较低，使用相对方便。

缺点：能源利用效率低，使用成本高，供暖效果较差、舒适度低。

热水

● 常压电热水锅炉

优点：按恒温、节能的优化运行原则，随着水温的变化，控制系统不断进行温度采集，通过逻辑运算和数字芯片控制调节，达到系统自动恒温，具备智能化、自动化、人性化的特点。

缺点：首次购置成本较高，用电功率较大。

● 燃气

优点：首次购置成本相对较低，续航能力较强。

缺点：存在安全隐患，造成污染，运行成本高。

游览车

● 电动汽车

优点：安全节能，绿色环保零污染，推进效率高，外形美观，智能化程度更高。

缺点：电池续航能力有限，首次购置成本较高。

● 柴油、汽油汽车

优点：首次购置成本相对较低，续航能力较强。

缺点：排放污染物较多，造成的大气污染，噪声大，运行成本高。

项目通过和燃气锅炉、发动机的环境效益及经济效益对比，最终选择采用电采暖、电炊具、电动游览车等方式对景区进行全电改造。

2. 方案简述

项目包含当地旅游开发建设公司自投配电变压器及其配套设备，采购电采暖、电炊具等设备；国网昌吉供电公司 35 千伏江布拉克输变电工程和配套 10 千伏配套送出工程：新建 35 千伏变电站 1 座，主变压器 1×10 千伏安，新建 35 千伏线路 32.82 千米，新建 10 千伏线路 2.15 千米。

景区蓄热式电锅炉如图 2 所示，景区客房电暖器如图 3 所示，

图 2　景区蓄热式电锅炉

图 3　景区客房电暖器

景区马鞍山风情园蒙古包内电暖器如图 4 所示。

图 4　景区马鞍山风情园蒙古包内电暖器

三、项目实施及运营

1. 投资模式及项目建设

该项目配电变压器、供暖、交通等替代项目及其配套设备由当地旅游开发建设公司自主全资投资，共计 300 万元；商业餐饮替代项目由运营商户自主采购；变电站建设及供配电设施由国网昌吉供电公司投资建设至客户红线，总投资金额 3155 万元，资金通过业扩配套电网项目解决。

2. 项目实施流程

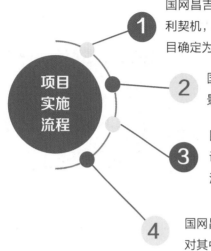

项目
实施
流程

1　国网昌吉供电公司利用新疆自治区政府大力推广电气化新疆的有利契机，与奇台县政府签订战略框架协议，将"全电景区"建设项目确定为奇台县电化试点项目。

2　国网昌吉供电公司与当地旅游开发建设公司共同制定全电景区改造方案。

3　国网昌吉供电公司负责完成"全电景区"配套电网工程建设，当地旅游开发建设公司负责完成景区内电采暖、电动汽车充换电设施等改造工程建设。

4　国网昌吉供电公司组织项目竣工验收，并根据替代项目类型，对其中电采暖项目内容执行相关优惠电价政策。

四、项目效益分析

1. 经济效益分析

项目实施后，每年替代电量 98.9 万千瓦时。按现行电价水平，每年产生电费约 22.56 万元；按照昌吉州供热价格 22 元/平方米，采暖季供热费用将达 46.2 万元，节约供暖费用 23.64 万元，降低了企业成本，持续提高经济效益。

2. 社会效益分析

（1）该项目建成后，预计每年减排二氧化碳约 6430 吨、二氧化硫约 2.1 吨、氮氧化物约 1.8 吨。

（2）项目落地后，电视台对景区进行了采访，通过新闻网络进行宣传报道，提高了景区知名度和社会影响力，景区零污染、零排放，在全疆起到了示范引领作用。

五、推广建议

1. 经验总结

（1）打造了全疆第一家 4A 级"全电景区"：江布拉克景区游客集散中心由 2 台 800 千伏安箱式变压器供电，104 间客房全部配备电暖气，满足取暖需求，实现全电化采暖；厨房内矮汤炉、烤蒸箱、电炒锅、送菜电梯等各种全电化设备的应用，真正实现了零排放、无污染、无噪声。

（2）江布拉克景区的全电化改造，在景区的电能替代项目的实施、景区运营管理等方面积累了丰富的建设、技术及管理经验，为下一步向全疆景区推广提供了坚实的保障。

2. 推广策略建议

（1）项目施工时一是考虑新疆部分地区冬季施工困难，施工期尽量不要在冬季；二是充分考虑订购设备供货时间，按时到货；三是严格考核设备的主要性能指标，避免个别设备达不到设计要求。

（2）该项目适用于各类景区的电采暖建设和规划，绿色旅游业将带动本地特产、农家乐、养殖等行业、企业的进一步发展，可根据景区的实际情况自主选择运营方式，单独经营、合作经营、租赁经营等统筹兼顾，不断创新，发展前景较为广阔，但此类项目一次性投资多、用电成本大，需要国家政策保障、地方政府支持、相关企业扶持，"全电景区"项目才能有更大的发展空间。

案例 14
新疆维吾尔自治区昌吉州旅游度假区
全电景区项目

一、项目基本情况

新疆某旅游度假区，位于新疆昌吉市六工镇北郊，占地面积 8.43 万平方米，国家 4A 景区，景区内布局七大主题乐园，是一家集旅游、酒店、餐饮、娱乐休闲于一体的旅游度假区。

景区用电量最大的包括住宿业、乐园区、餐饮业以及码头四个部分，昌吉市政府为了让旅游产业提档升级，选择该景区为试点，实施"全电景区"建设，在建设内容、工作流程、商业模式、评价标准等方面进行了探索，为建设标准化、规模化、精细化全电景区提供技术支撑。在对景区内餐饮、住宿、交通、照明等领域全面进行清洁能源替代和智能控制改造同时，以电炊具、电动游轮等绿色用能方式替换以往的烧煤、燃油等，实现替代领域全覆盖。

全电景区项目基本信息见表1。

表1   全 电 景 区 基 本 信 息

客流量	年均约 80 万人次	供暖面积	1.3 万平方米
占地面积	8.4 万平方米	供电电缆	4200 米
变压器	5 座 10 千伏箱式变压器（根据景区需求设定）		

技术参数			
项目类别	数量	主要参数	参考建议
常压热水锅炉	2 台	1.05 千瓦	建筑面积在 800 平方米以上、客流量在 100 人以上的人员密集且滞留时间长的地点（如热门景点、酒店等）
电动游轮	15 辆	—	日均客流量 2000 人次以上可选 10～15 辆；充电桩、电动汽车以 2:1 建设
充电桩	8 台		

注　具体建设规模以景区实际规模为主，此表仅以景区为例，仅供参考。

二、技术方案

1. 方案比较

采暖

● 电采暖

优点：安全可靠，温度与时间可调节，适用于地理位置较为分散的建筑环境，使用时间选择性强，无排放、无污染、无噪声，环保性突出，使用方便。

缺点：一次性投资相对较高，设备功率较大。

● 油汀等传统采暖

优点：成本相对较低，使用相对方便。

缺点：能源利用效率低，使用成本高，供暖效果较差，舒适度低。

热水

● 常压电热水锅炉

优点：按恒温、节能的优化运行原则，随着水温的变化，控制系统不断进行温度采集，通过逻辑运算和数字芯片控制调节，达到系统自动恒温，具备智能化、自动化、人性化的特点。

缺点：首次购置成本较高，用电功率较大。

● 燃气

优点：首次购置成本相对较低，续航能力较强。

缺点：存在安全隐患，造成污染，运行成本高。

常压热水锅炉如图 1 所示。

图 1　常压热水锅炉

游船

● 电动船

优点：安全，绿色环保零污染，推进效率高，使用成本低，储藏、运输、使用方便。

缺点：电池续航能力有限，首次购置成本较高。

● 柴油、汽油游船

优点：首次购置成本相对较低，续航能力较强。

缺点：造成水污染、大气污染，噪声大，效率相对较低，运行成本高。

项目通过燃气锅炉与电动发动机的环境效益及经济效益对比，最终选择常压热水锅炉和电动发动机的方式对景区进行改造。

2. 方案简述

（1）休息区。养生小道为休息区，占地面积 1.3 万平方米，为了降低项目综合排放及能源损耗，保证休息区冬季供暖，全面推广景区电采暖模式，另外电力覆盖该区域内照明、热水器、空调。

（2）游乐区。景区内分布海洋水世界、欢乐王国、冰雪乐园等园区，包括娱乐活动 23 项，实现电力全覆盖。

（3）餐饮业。景区内设有小吃街，推荐低碳、零排放建设，通过电能替代模式，推广电气厨具、电力化建设改造、保障清洁用电，商户购买安装电磁炉、电烤箱、电冰箱等，切实消除厨房消防安全隐患，改善厨房工作环境。

（4）码头。为满足景区游船的充电需求，国网昌吉供电公司与景区合作加大充电桩投入力度，启动码头充电桩全覆盖工作，完成 8 个充电桩改造和建设工程，能满足景区所有游轮充电的需求。目前，景区内 15 艘游船，实现景区公共出行基本全电化。

三、项目实施及运营

1. 投资模式及项目建设

全电景区的供暖、交通替代项目由客户全资投资；商业餐饮替代项目由运营商户自主采购；六户线杜氏支干线 1~40 号杆线路导线由国网昌吉供电公司投资改造，维修线路共计 2.7 千米。整个项目共投资 572 万元，其中电采暖项目投资 100 万元，电动游船及充电桩建设投资 420 万元，供配电设施投资 52 万元。

　　电源采用单回路 10 千伏架空线路供给，设有 5 台变压器，设置无功功率自动补偿装置，低压配电形式采用以放射式为主、放射式与树干式相结合的方式，低压配电系统接地采用联合接地方式，防雷接地。室外照明供电网路电压采用 380/220 伏，中性点接地，检修用照明电压 36 伏在规范规定的室内场所中设置一般照明或工作照明，在室外及景区设置道路照明，照明器具均采用节能灯具。

2. 项目实施流程

项目实施流程

1 国网昌吉供电公司对度假区内的 10 千伏线路进行改造升级，完成了景区内水上乐园的五台配电变压器的安装工程，使景区内的供电能力大大增强。

2 针对景区内的游乐场、别墅、商铺、办公等场所，国网昌吉供电公司积极推广节能设备的使用。在此基础上，景区全面推进空气源热泵替代煤炭取暖，为降景区内综合排放及能耗，国网昌吉供电公司将全面推广景区"电采暖"模式。

3 为打造更安全、绿色的文旅发展，国网昌吉供电公司积极献策，开展其他多个环节电能替代改造，如对景区内的景观、照明灯具升级改造，针对景区内路灯、景观、建筑等照明，推荐采用效率高、寿命长、安全和性能稳定的照明产品，实现绿色照明。

4 围绕景区的景观提升，国网昌吉供电公司加快电网改造升级，提前布局电源点的建设，通过架空线路梳理规整、电线杆合并拆除等举措，优化线路设置，保证安全美观，提升景区品质。

四、项目效益分析

1. 项目经济效益

　　电采暖实施前：在北方热负荷指标为 1 平方米功率 50 瓦，一个采暖期 180 天。按照 2020 年最新煤炭价格 588.8 元/吨，每平方米一个采暖期需要花费 70.65 元。

　　电采暖实施后：按照电采暖 1 平方米功率 50 瓦，每平方米一个采暖期耗电 138 千瓦时，新疆地区 2020 年平电电价 0.224 1 元/千瓦时，谷电 0.134 1 元/千瓦时，平电 12 小时，谷电 12 小时，日采暖时间为 24 小时，每平方米一个采暖期需要花费 27.61 元。

2. 社会效益分析

①

国网昌吉供电公司以景区水上乐园作为全电景区示范点，通过景区娱乐、住宿、餐饮等各领域实施电气化改造、电能替代等方式，提高景区清洁能源使用占比至 95% 以上，为推进绿色生态旅游提供强大的电力支撑。既美化了环境，又减少了污染排放。景区实现全电改造后，运行负荷达到 5100 千瓦，年用电量 66 万千瓦时，每年可减排二氧化碳约 4290 吨、二氧化硫约 14 吨、氮氧化物约 12 吨。真正实现景区"零排放、无污染、无噪声"，景区的形象有所提升。

②

全电景区改造提高了昌吉的知名度，扩大了昌吉的影响力，对昌吉旅游业的健康发展起到积极作用，景区进行清洁能源改造之后，环境改善十分显著，尤其在冬季，因采暖产生的黑烟现场得到了治理，促进了游客数量增长，增加了旅游收入。全电景区改造完成以来，人流量同期增长 20%，同时显著推进了昌吉旅游产业的飞速发展。

五、推广建议

1. 项目经验总结

项目主要亮点

与传统景区相比，该全电景区通过提高景区电气化水平，实现电能在终端能源的深度覆盖。全电景区的建设，不仅为景区节省能耗成本 26.43 万元/年，还能提升游客的观光体验，让他们在游览的过程中更加舒心。

注意事项及完善建议

　　该项目一次性投入资金较大，需充分考虑资金问题。设备选取时要严格对比设备的性能、参数等指标，确保产品质量。

2. 推广策略建议

　　（1）科学谋划：建立旅游局、景区和国网昌吉供电公司三方沟通机制，明确"全电景区"建设目标。开展前期调研和景区用能现状分析，同时加强景区"节能、低碳"提升改造主体宣传，提高社会公众认可度和美誉度。

　　（2）打造"全电景区"示范点：通过加强景区用能分析和技术指导，实施景区"全电"整改，逐步淘汰传统景区燃煤、燃油设施设备，逐步升级为电锅炉、电炊具、电动车、电动船、绿色照明等设备，充分满足安全用电和清洁用能的需要，提高景区电气化水平，实现清洁能源的深度覆盖。

案例 15
安徽省六安市全电智慧景区示范项目

一、项目基本情况

金寨县花石乡大湾村位于金寨县中部区域，2019 年大湾村入选安徽省第一批"美丽乡村重点示范村"，是全省首个"5G 村"。近年来金寨县全力推进乡村绿色旅游发展，相继建设开发大湾漂流、大湾民宿、大湾博物馆、大湾房车营地等多个景点，年游客量 20 余万人次，车辆停放 6 万车次。

为助力大湾村全电景区建设，提高大湾村电气化水平，国网金寨县供电公司加快大湾村电网基础设施建设，完善景区内公共停车场公用充电设施建设，与移动公司合作共建光伏、充电一体化智能充电站及 5G-VR 摄像头，对景区内 40 余户乡村民宿进行电气化改造，在大湾村博物馆内配置纯电动洗地机以满足博物馆地面清洁需要等。通过多方通力合作建设，大湾村通过光伏产业和旅游项目、生态农业的和谐发展，已从几年前的重度贫困小山村蜕变成一个自然古朴、整洁优雅、宜居宜游、产业配套、富裕和谐的红色旅游网红"打卡地"和全省"稳定脱贫奔小康、绿色减贫促振兴"的典范。金寨县大湾村全电景区项目如图 1 所示。

图 1　金寨县大湾村全电景区项目

二、技术方案

1. 方案比较

（1）出行方案比较。

方案一：传统能源车辆。

优点：车辆采购价格适中，运营使用方便，输出动力好，在较为崎岖陡峭的山路具有较强的爬坡能力。缺点：噪声大，尾气排放对环境造成严重污染，后期用能成本高。

方案二：新能源车辆。

优点：噪声小、零污染、零排放，利用低谷电进行充电后期用能成本低，符合国家节能环保政策。缺点：需建设配套的供配电设施及充电桩，前期的一次性投入大。

传统能源车辆与新能源车辆多维度分析雷达对比图如图 2 所示。

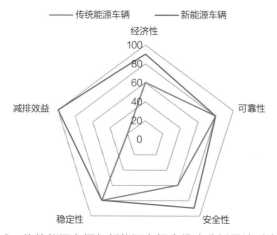

图 2 传统能源车辆与新能源车辆多维度分析雷达对比图

为建设绿色环保型全电景区，金寨县设置了景区电动公交专线，将观光车、接驳车等车辆替换为电动汽车，基本实现景区绿色公共交通出行。

（2）充电站比较。

方案一：集中式充电站。

优点：集中化、面积大、充电桩多，可供多台车辆同时进行充换电，适用于规模较大且人流量较多的景区。缺点：前期的投入大且运行费用较高，随季节原因可能会造成站桩闲置，且建设周期较长。

方案二：光储充一体充电站。

优点：占地面积较小，设备利用率高，方便布局，可采取低压接入，投入资金较小，利用 5G 智慧能源系统可实时对光伏发电、充电桩等进行远程监测、数据分析等。

缺点：自驾电动车辆旅客过多时可能无法同时满足充电需求。

为满足大湾村景区内自驾游电动车辆充电及补电需求，在村内公共停车场建设充电站，统筹考虑当地政府对大湾村的公用设施建设规划以及景点分布情况，决定建设小型光储充一体充电站。

（3）热水方案比较。

方案一：燃气热水器。

优点：即开即用，无需等待加热时间，而且占地面积较小。缺点：使用过程中会产生污染物，有漏气、火灾、爆炸、废气回灌等安全隐患。

方案二：太阳能热水器。

优点：水电完全分离，安全可靠，运行成本较低，零污染、零排放。缺点：占地面积较大。

燃气热水器、太阳能热水器对比见表 1，燃气热水器与太阳能热水器多维度分析雷达对比图如图 3 所示。

表 1　　　　　　　　　　太阳能热水器、燃气热水器对比

类型	燃气热水器	太阳能热水器
能源	燃气	电+太阳能
单位热值	1 千焦	1 千焦
能源消耗量	0.037 立方米	0.12 千瓦时
能源单价	3.5 元/立方米	0.565 3 元/千瓦时
费用	0.13 元/千焦	0.068 元/千焦
安全性能	有漏气、火灾、爆炸、废气回灌等安全隐患	水电完全分离，安全可靠

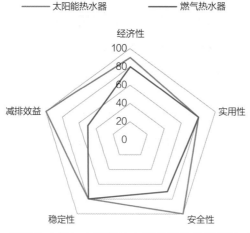

图 3　燃气热水器与太阳能热水器多维度分析雷达对比图

从多维度分析雷达对比图可以看出，燃气热水器整体效益较差且存在安全隐患，景区内用户采用太阳能+电热水器进行民宿的热水供应。

（4）灭蚊灯方案比较。

大湾村景区地处大别山区，夏季蚊蝇较多，对太阳能灭蚊灯及化学驱虫剂分别从安全性、实用性、环保性等多维度进行比较。太阳能灭蚊灯与化学驱虫剂多维度分析雷达对比图如图 4 所示。

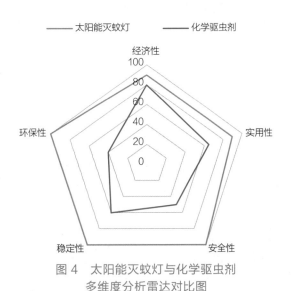

图 4 太阳能灭蚊灯与化学驱虫剂
多维度分析雷达对比图

从多维度分析雷达对比图可以看出，太阳能灭蚊灯在经济性、实用性、安全性、稳定性、环保性五个维度得分较高且均衡，景区内采用太阳能灭蚊灯进行蚊蝇灭杀。

2. 方案简述

（1）建设光储充一体充电站。大湾村建有一座光储充一体充电站，充电站有 2 个停车位，分别配置 30 千瓦直流充电桩和 7 千瓦交流充电桩各一台，车棚安装 7 千瓦光储一体光伏电站，并将光伏发电、充电桩、储能设备等接入智慧能源综合管理平台。光伏、充电一体化智能充电站如图 5 所示。

（2）5G+VR 摄像头。利用 VR 技术和 360° 视频，同时结合 5G 的大带宽特性，当用户戴上远程的 VR 眼镜时，可以允许用户控制摄像机移动，为游客提供最真实美丽的大湾村。5G+VR 摄像头如图 6 所示。

图 5　光伏、充电一体化智能充电站

图 6　5G+VR 摄像头

（3）全电民宿改造。民宿内采用太阳能+电热水器提供生活热水，不仅降低了用户的用能成本，还减少了污染物排放量。民宿内原使用的煤球炉、柴火灶等基本被电能取代，空调、冰箱、电采暖等家用电器普及率达到100%。

（4）建设太阳能灭蚊灯。利用太阳能灭蚊灯诱导并通过电击灭杀蚊蝇，它是当今人类最理想的物理害虫防治方法。在大湾村景区布置 30 台太阳能灭蚊灯，可有效降低蚊虫传播疾病概率，提升当地旅游环境及居民居住环境。太阳能灭蚊灯如图 7 所示。

（5）纯电动清洁设备。纯电动洗地机清洗地面，可以更快速高效地清洗和吸干地面且零污染、零排放，在博物馆内配置纯电动洗地机一台，满足博物馆地面清洁需用。纯电动清洁洗地机如图 8 所示。

图 7　太阳能灭蚊灯

图 8　纯电动清洁洗地机

三、项目实施及运营

1. 投资模式及项目建设

　　该项目充电站、光伏车棚、配电部分及相关 5G 设备由国网金寨供电公司与安徽移动金寨分公司共同进行投资建设，其中车棚、光伏发电板 8 万元；充电站 1 台 30 千瓦直流充电桩 4.3 万元，1 台 7 千瓦交流充电桩 0.7 万元；1 台纯电动清洁设备 2 万元；30 盏太阳能灭蚊灯 0.9 万元；5G+VR 及数采和能源管控平台一套合计 15.2 万元；其他辅材约 5 万元；基础建设、安装费用 5 万元。该项目累计投资金额为 41.1 万元。

　　全电民宿内用户配电设施及项目本体由客户投资建设。

2. 项目实施流程

　　国网金寨县供电公司结合政府对大湾村景区整体建设规划，定期组织人员与村委会进行沟通对接，了解该村产业发展和涉电需求，联合移动公司进行 5G 全电智慧景区建设。

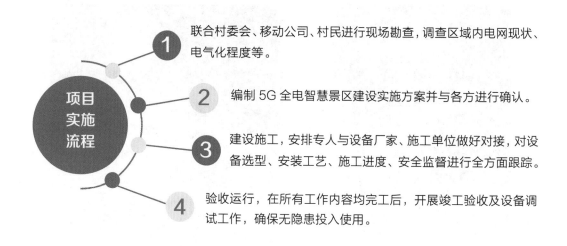

项目实施流程

① 联合村委会、移动公司、村民进行现场勘查，调查区域内电网现状、电气化程度等。

② 编制 5G 全电智慧景区建设实施方案并与各方进行确认。

③ 建设施工，安排专人与设备厂家、施工单位做好对接，对设备选型、安装工艺、施工进度、安全监督进行全方面跟踪。

④ 验收运行，在所有工作内容均完工后，开展竣工验收及设备调试工作，确保无隐患投入使用。

四、项目效益分析

1. 经济效益分析

金寨县花石乡大湾村是红色旅游网红"打卡地"和全省"稳定脱贫奔小康、绿色减贫促振兴"的典范。随着景区电气化的不断推广，景区内基本上实现全电化改造，旅游居住环境得到了很大的改善，旅游业发展形势逐步向好。此外，充电站车棚新建的 7 千瓦光伏电站年发电量约 8000 千瓦时，每年可为大湾村村集体带来约 4000 元的经济收入。

2. 社会效益分析

电能作为清洁绿色能源，全电景区的建设大大降低了二氧化碳、硫氧化物的排放量。经测算，年节约标准煤 300 吨，年减排二氧化碳 780 吨、二氧化硫 2.5 吨、氮氧化物 2.2 吨。

作为省内首个"5G 村"，5G 全电景区的实施对推动金寨景区智慧化全面升级，树立大别山红色旅游良好形象，提升景区知名度及带动旅游产业良心发展具有显著的促进作用。

五、推广建议

1. 经验总结

项目主要亮点

一是创新合作方式，与地方政府、移动集团建立良好的战略合作关系，共同开展大湾村全电智慧景区的建设。

二是该项目建设的光伏发电、储能设备、充电桩、智慧能源综合管理平台，将作为大湾村新能源资源与电网友好互动系统的重要组成部分，构建双向互动服务总体架构，便于能源服务系统的便捷接入。基于 5G 通信等信息化技术，开展分布式电源接入管理、运行监测等新型增值业务，探索出双向互动商业化运营模式，实现电力流、信息流和业务流的互动融合。

注意事项及完善建议

主动加强与当地政府主管部门、景区的对接，开展小型光储充一体化项目的推广，以满足当地居民及游客的充电需求，对具有示范效应的项目通过综合能源服务采用经营性租赁、合同能源管理等多种服务模式进行建设及运营。

2. 推广策略建议

该项目基于大湾村的现状，通过 5G 通信、光储充一体等技术建设的全电智慧景区，具有广阔的市场推广前景。在后续全电景区推广中应积极引导社会力量参与，探索多方共赢的市场化运作模式，加强与地方政府、相关主管部门的沟通协调，共同制定全电景区建设相关指导性意见、方案等，争取取得补贴、运维等政策支持，促进区域内全电景区持续发展。

案例 16
江苏省溧阳市全电景区项目

一、项目基本情况

天目湖被誉为"江南明珠""绿色仙境",天目湖全区拥有 300 平方千米的生态保护区,区内坐落着沙河、大溪两座国家级大型水库,是江苏省首批生态旅游示范区。景区内原使用柴油和汽油游览观光船,造成了一定程度的水污染和大气污染,且照明、热水等能源消费系统缺乏智能化管控手段,能效水平有待提升。

国网溧阳市供电公司针对景区的能源消费现状,在天目湖核心景区推动和开展清洁能源替代、能源智能管理等改造工作,有效助力景区生态绿色发展,建成了全国首个 5A 级全电景区,打造了溧阳旅游智能化全电化的新名片。

二、技术方案

1. 方案比较

该项目包括游览观光船油改电、智慧一体化路灯、空气源热泵水加热系统、智慧能源电管家平台等 11 个子项目。下面重点从游览观光船油改电、太阳能充电游览车、空气源热泵水加热系统三个方案进行比较。

游览观光船

● 电动船

优点:安全,绿色环保零污染,推进效率高,使用成本低,储藏、运输、使用方便。

缺点:电池续航能力有限,首次购置成本较高。

● 柴油、汽油游船

优点:首次购置成本相对较低,续航能力较强。

缺点:造成水污染、大气污染,噪声大,效率相对较低,运行成本高。

游览观光车

● 太阳能充电游览车

优点：可以在野外或行驶途中补充电源，实现一边行驶一边充电，帮助电动车增加行程 50%以上；行驶爬坡动力强；减轻蓄电池极板硫化，延长蓄电池使用寿命；使用成本低。

缺点：首次购置成本较高，售后服务网络不够完善。

● 柴油、汽油游览车

优点：首次购置成本相对较低，续航能力较强。

缺点：造成大气污染，噪声大，运行成本较高。

水加热系统

● 空气源热泵

优点：安全新能好，消除了燃气热、电直热等设备一定的安全隐患；节能效果突出，投资回报期短，运行成本仅为燃气热水器的 1/3 左右、电热水器的 1/4 左右。

缺点：加热速度慢，热效率不高；受区域限制，空气源热泵容易产生结霜问题，更适合于中南地区使用。

● 电直热

优点：性能稳定，不受环境影响，产品常年运行，不受夜间、阴天、雨雪等恶劣天气影响，性能稳定。

缺点：运行成本较高。

经过比较，采用电动游览观光船、太阳能充电游览车、空气源热泵水加热系统等电气化设备，在安全、环境、经济等方面具有显而易见的优点。因此，天目湖景区决定实施全电气化改造。

2. 方案概述

（1）游览观光船油改电项目。天目湖山水园景区准备采购 6 艘电动游览观光船，全面替代现有的柴油和汽油动力游览船。该型号电动游船单船电池容量为 1000 千瓦时，航行里程约 100 千米，能够满足白天运行需求。该项目计划建设 9 台充电配套设施供游船晚间充电，采用 120 千瓦双枪直流充电机。目前有一条新能源游船在建，其配套的 120 千瓦直流充电机示意图如图 1 所示。

（2）智慧一体化路灯项目。该项目需建设 41 杆智慧路灯，该期建设 34 杆，后期增补 7 杆。在该期新建的 34 杆智慧路灯中，27 杆具备智慧照明、光伏发电功能；7 杆具备智慧照明、光伏发电、信息发布、公共广播功能，另配置 7 套视频监控摄像头、4 套环

图 1 120 千瓦直流充电机示意图

境监测传感器。后期增补的 7 杆智慧路灯具备智慧照明、光伏发电功能。仿古智慧一体化路灯造型示例如图 2 所示。

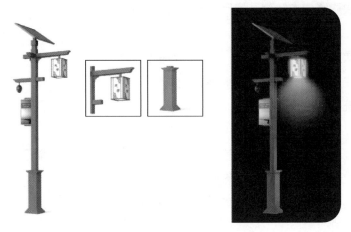

图 2 仿古智慧一体化路灯造型示例

（3）原有路灯的智能控制改造项目。天目湖山水园景区内现有路灯约 50 杆，前期未设置路灯管理平台，采用时控控制的模式。该期计划将现有 50 杆路灯升级并接入智能照明控制系统进行统一的管理。景区现有路灯如图 3 所示。

图 3 景区现有路灯

（4）智慧能源电管家平台项目。智慧能源电管家系统采用分层分布式的形式构建，配电网、微电网系统、光伏发电、储能、岸电充电桩、路灯、光伏智能环保箱、电动汽车、可视化系统等分别通过光纤、网线等方式接入智慧能源电管家系统进行集中监视、控制、展示。提升电能管理的智能化和游客管理的智能化。电管家平台界面如图 4 所示。

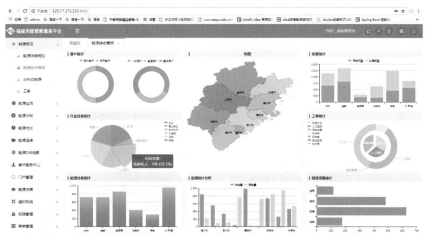

图 4　电管家平台界面

（5）可再生能源光储建设项目。该期拟在茶岛茶文化苑屋顶安装 33.6 千瓦分布式光伏，增加景区的可再生能源，提升景区绿色能源消纳。同时安装 24.85 千瓦时储能装置一套，提高茶岛茶文化苑的用电可靠性。

在湖里山西侧配电房内安装 200 千瓦时储能系统一套，用于提高海底世界负载和其他重要负载的用电可靠性。

（6）光伏智能环保箱项目。天目湖山水园景区现有 192 只垃圾箱，该项目建议将其中一部分替换为光伏智能环保箱。可安置在入口广场、湖里山状元阁、中心区、水世界大门、茶岛码头、龙兴岛码头等游人较密集的区域。这种智能分类垃圾箱采用太阳能供电，主要用于感应开盖投放垃圾和对垃圾的自动压缩处理，对垃圾进行分类处理，既降低了每周对垃圾箱的收集频率，同时也减少了垃圾运载次数和碳排放的数量。光伏智能环保箱如图 5 所示。

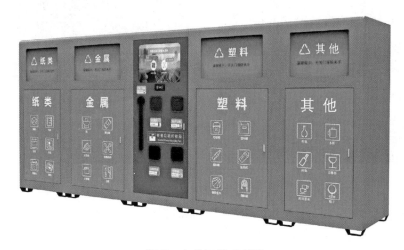

图 5　光伏智能环保箱

（7）太阳能充电游览车项目。该项目建议采购太阳能充电游览车，产品使用符合国家标准的充电接口。该项目一期包括 2 辆太阳能充电游览车。太阳能充电游览车如图 6 所示。

图 6　太阳能充电游览车

（8）园区可视化大屏展示系统项目。大屏展示系统，构建天目湖山水园景区全景感知系统，分为点亮天目湖、绿色天目湖、智慧天目湖三个主题，展示设施建设、分布式能源接入、智能化管理、能效分析、绿色低碳等内容。建议大屏展示系统放在山水园景区入口处左侧（景区计算机房附近，原有展示屏的左侧），游船排队的人群集中处安装 2 台 55 寸电视机，如图 7、图 8 所示。

图 7　山水园景区出口处左侧（LED 户外屏）　　图 8　游船游客排队处（55 寸电视机 2 台）

（9）能量反馈运动装置项目。该项目一期拟在茶岛自在桥平台处建设 4 辆能量反馈运动自行车，占地面积约 12 平方米，在游客健身的同时也可以将运动能量转化为电能，为公众做绿色环保节能的宣传。能量反馈运动自行车如图 9 所示。

图 9 能量反馈运动装置

（10）空气源热泵水加热系统项目。在天目湖景区的海洋公园，养殖有大量热带鱼。这些热带鱼都在透明水箱中显示，各水箱中的水系统互通。目前这些水箱通过电加热棒来对水箱中的水进行加热，负荷比较稳定，总功率在 60 千瓦左右。采用空气源热泵替换电加热棒，其 COP 系数大约为 4，制造相同的热水量，是一般电热水器的 4~6 倍，其年平均热效比是电加热的 3.5 倍，可以节省用能，环保且降低景区的电费支出。一期建设海洋世界空气源热泵水加热系统一套，建设地点在海洋世界附近地面的绿地中。空气源热泵机组实景图如图 10 所示。

图 10 空气源热泵机组实景图

（11）景区用能表计管理系统项目。目前天目湖山水园片区有水表、电能表约 525 块（分布情况见表 1），由于安装比较分散，人工抄表成本高、效率低，亟须进行智能升级，实现远程抄表等功能，减少抄表工作量，提升效率。

71

表 1　　　　　　　　　山水园片区水表和电能表分布情况统计表

序号	公司	水表数量（块）	电能表数量（块）	小计（块）
1	山水园	30	135	165
2	股份公司	1	2	3
3	商业公司	10	29	39
4	租赁商	12	61	73
5	后勤楼	2	3	5
6	后勤楼宿舍	119	119	238
7	水世界	1	1	2
8	合计	175	350	525

基于以上背景，计划在景区布设用能（表计）管理系统，进行远程能源采集、数据分析、远程控制表计（包括拉合闸）、预付费功能等管理操作。在各区域替换原先电能表、水表等计量设备，通过智能电能表和远传水表进行数据采集，将采集到的数据上传到服务器，管理员可随时通过系统查看实时数据和历史数据，欠费预警通知客户；根据水电量数据统计，实现对异常功率状况进行监管提醒等功能；为管理员提供技术手段，提升能源管理水平。

三、项目实施及运营

1. 投资模式及项目建设

该项目地址位于溧阳市天目湖山景区内的水园主题景区，设备及景区改造总投资1050万元，由溧阳市政府出资，国网江苏综合能源服务公司建设，改造建设周期约6个月。

2. 项目实施流程

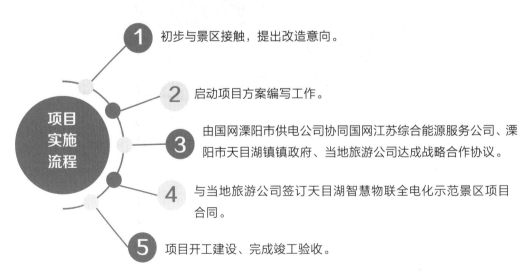

1　初步与景区接触，提出改造意向。

2　启动项目方案编写工作。

3　由国网溧阳市供电公司协同国网江苏综合能源服务公司、溧阳市天目湖镇镇政府、当地旅游公司达成战略合作协议。

4　与当地旅游公司签订天目湖智慧物联全电化示范景区项目合同。

5　项目开工建设、完成竣工验收。

四、项目效益分析

1. 经济效益分析

该项目完成后预计每年为景区减少电费支出约 14.5 万元。

（1）海洋馆空气源热泵系统，该系统与原先景区的电热棒加热系统相比其平均热效比提升了约 3 倍，在空气源热泵投入使用以后，通过"智慧能源电管家"的数据分析测算，该系统每年可为景区节约电量约 12 万千瓦时，减少电费支出近 8 万元。

（2）茶岛茶文化苑屋顶安装 33.6 千瓦分布式光伏，年发电量约 3.7 万千瓦时，每年为景区减少电费约 2 万元。

（3）海洋馆储能系统，根据峰谷差价，每年可以帮景区节约电量 3.5 万千瓦时，电费约 4.5 万元。

2. 社会效益分析

（1）该电动船为全国内陆湖最大的纯锂电池旅游客轮，也是华东首艘全电游船。按全年运营 200 天计算，年用电量在 20 万千瓦时左右，可替代燃油 10 吨左右。

（2）该项目全部建成后，预计每年减排 2548 吨二氧化碳、8.3 吨二氧化硫、7.3 吨氮氧化物的污染排放，有效助力景区生态绿色发展。

五、推广建议

1. 经验总结

该项目主要有以下 5 个亮点：

（1）电动游览观光船替换柴油、汽油游船。该电动船是全国内陆湖最大纯锂电池旅游客轮，船身总长 32.65 米、总宽 8 米，全钢制的船体结构共分上下两层。整船采用双机双桨双舵的行驶系统，操作灵活，安全性高，载客数可达到 182 名。整船电池容量 1000 千瓦时，相当于 25 辆电动汽车。通过岸电充电 7 小时，可续航 100 千米。为了健全电动游船充电服务网络，景区在龙兴岛和茶岛两个游船码头建设 9 套岸电充电系统供游船充电。

（2）智慧能源电管家平台系统。展示景区全电化示范项目宣传，实时监控景区用能数据，提升对工作人员和游客的管理。

（3）智慧一体化路灯具备"有杆、有电、有网"的特点。其基于复合杆塔技术集合各种物联网传感设备，囊括智慧照明、光伏发电、环境监测、信息发布、视频监控、公共广播等功能，借助无线通信、光纤等现代通信技术，成为智慧景区物联网的重要入口。

（4）空气源热泵系统。该系统跟原先景区的电热棒相比，其制造相同的热水量平均热效比是电热棒的 3 倍以上。

（5）海洋馆储能系统。在节约电量的基础上，如果景区发生停电，该系统能维持海洋馆电源 4 小时左右。

2. 推广策略建议

（1）目标客户：旅游景区。

（2）推广策略建议：

1）旅游景区全电化项目首先应该是注重经济性，节省投资优选高效、经济性技术方案。

2）能源规划和项目建设规划同时进行，包括水、气、电的共同规划，提高资源利用效率。

3）是提高配套电网支撑能力建设，加强供电服务，提高项目转化率，形成可复制推广的经验和做法，助力景区全电化发展。

4）是客户经理可了解辖区内还未实施全电化的旅游景区，根据天目湖 5A 级全电化景区的方案全面推广，提升各旅游景区绿色能源消纳，增强景区用电保障能力，推广电能替代技术，推动特色用能项目建设，推介新型用电产品等各种方式，提高能源设施与客户的交互能力，整体提升景区绿色用能水平和设施电气化水平。

案例 17
江苏省苏州市古镇全电街区项目

一、项目基本情况

江苏省苏州市吴江同里古镇是国家 5A 级景区，同时又是全国经济强镇，由于古镇大部分地区不通管道燃气，部分餐饮商户和居民保留着使用小煤炉、燃油炉、液化气的习惯。近期调研，同里全镇使用煤炉、油炉、瓶装燃气的小饭店有 326 户，这给景区带来了火灾隐患。在保护古镇文物古迹及古建筑风貌的前提下，提升古镇电气化水平。国网苏州市吴江区供电公司和当地政府经多次协商，推动同里全电街区建设（暨小餐饮行业电气化改造方案），分期在同里古镇全镇范围的小餐饮行业实施全电建设，提高古镇安全水平，改善古镇用能环境。项目基本信息见表 1。

表 1   项 目 基 本 信 息

类型	商业	总户数	326 户
每日电磁灶使用时长	4~6 小时	平均增加容量	34 千瓦
古镇核心户数	110 户	古镇外围户数	100 户
屯村社区户数	116 户	改造方式	瓶改电
执行电价	商业电价	电压等级	380 伏

二、技术方案

1. 方案比较

出于古镇保护原因，古镇区不适合大范围敷设天然气管道，因此古镇居民和商户的主要用能方式是电、罐装煤气、燃油、燃煤等。除电外，其他能源消费模式存在着用能效率低、污染大、物流不方便、存在消防隐患等缺点。因此在对比国内主流商用电厨具品牌技术参数后，方案选择国内排名前列的定制商用电厨具作为一期示范，二期时餐饮商户和居民可自主选择品牌。全电厨房与传统厨房优势对比见表 2。

表2   全电厨房与传统厨房优势对比

对比项	电磁炉灶	燃气炉灶
安全（火灾隐患）	无	油温过高发生火灾；存在煤气泄漏引起的火灾及二次爆炸
环保（废气排放）	无	CO、CO_2等废气排放，污染环境，易发职业病
噪声（工作噪声）	无	鼓风机工作时的强烈噪声
温度（工作时温度）	无	至少高3~5摄氏度
水浪费	无	因为炉面温度太高，需长流水降低温度，平均流速为50升/小时

2. 方案简述

经调查，同里地区小餐馆种类较多，大部分小饭店经营餐桌5~10桌，同时接待能力普遍在20~60人次，通常配备单头电磁炒灶1台，尺寸约为800毫米×900毫米×810毫米；电热蒸撑炉1套，尺寸约为800毫米×900毫米×810毫米；嵌入式一平一凹电磁炉，尺寸约为850毫米×900毫米×810毫米；可满足大部分餐饮客户需求，个别需增加电厨具设施。

三、项目实施及运营

1. 投资模式及项目建设

第一期由当地政府和国网苏州市吴江区供电公司全额出资，国网苏州市吴江区供电公司进行配电设施和进户线改造，当地政府出资进行厨具置换，由客户自主使用，其后发生费用由客户承担。二期由政府补贴每户约20%费用，以此鼓励餐饮商户积极改造。改造后的电力设施如图1所示。

图1 改造后的电力设施

2. 实施流程

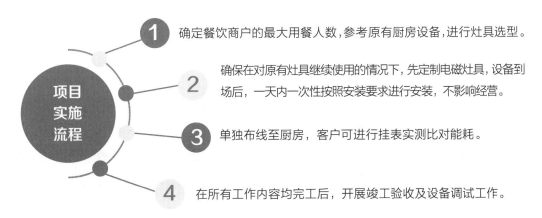

四、项目效益分析

1. 经济效益分析

　　以一期的某酒楼的全电厨房改造为例，单独对厨房挂表计量。经过长期的实测统计，该酒楼厨房每日电量 25 千瓦时，电费支出约 18 元，而原来的能源费用支出为 56 元（每月油 1000 元、罐装煤气 500 元、煤球 200 元，再计算每日费用），考虑季节游客就餐人数差异，综合测算节省费用 50% 以上，该客户电气设备改造及设备一次性购置费用约为 4.5 万元（使用的是定制灶具，价格略贵），根据现在实测数据，该户每年节省费用约 1.2 万元，静态投资回收期约3.75 年。

　　其后在该酒楼旁边的某饭店也进行改造，改造费用为 4.3 万元，增加 37 千瓦的厨具设备，每月电费支出增加 500 元，而原来使用灌装煤气，每月支出费用约 2000 元，节省费用较多。

　　通过走访已改造的 50 多户餐饮商户，普遍取得较好的经济效果，分析原因是原来的燃料都是明火，热损失极大，而全电厨具的热效率很高，热损失很小，同时现在的厨房环境大幅改善、热岛效应降低。

2. 社会效益分析

① 环境

改造前，生物油罐、煤气罐以及煤炉堆满了厨房，存在严重的安全隐患。烟熏缭绕，脏乱差的厨房环境，给旅游古镇的形象减分。

改造后，在不动一砖一瓦的前提下，厨房焕然一新，无黑烟，干净卫生；而采用定制"一户一方案"，保证了全电厨房设备符合该酒楼厨房空间、实际使用需求；无易燃易爆物，无明火燃烧，从根本上消除了燃爆安全隐患，且完全零排放。

② 效率

改造前，做菜速度慢，上菜慢，出品效率低。改造后，出菜效率得到提高，平均每道菜用时减少 2~5 分钟。据该酒楼老板反馈，现在改成能电后只要开关一开就能用，上菜更快了，效率更高了，关键是顾客品尝菜肴后，完全感觉不到是使用电磁灶设备炒的菜，菜的味道完全一致。

五、推广建议

1. 经验总结

（1）对于新的技术种类推广，必须考虑客户的关切点，如全电厨房的改造，客户都知道安全性会提高，但是不了解菜的味道是否维持原先水平，电费是不是很贵，通过宣传引导和实际数据展示相结合的方式，最终消除客户的担心，顺利推动项目的开展。

（2）选型灶具时站在客户的立场上，帮客户考虑配套设备如蒸箱、面点机等其他辅助做菜设备的选择，精确确定最大功率，避免改造后设备品种不全，厨房配置容量不够，电缆线径偏小等。

2. 推广策略建议

在学校、敬老院、商户、居民和相关政府机关、企业单位进行全电厨房改造不仅消除燃爆安全隐患，更因节能、省钱的实际效益和低碳环保的突出特点，并且单个厨房改造成本不高，而年替代电量却不小，以单个厨房新增 30~50 千瓦的灶具，每日工作 4~6 小时，年替代电量超过 5 万千瓦时，而人数多的单位替代电量更为可观，同时完全切合了政府需要提升安全的关注面，实现了社会效益、生态效益、经济效益三赢的局面，由于每个地区都存在较多的单位食堂，还在使用燃油、灌装燃气、老旧的管道燃气，因此推广潜力巨大。

案例 18
江苏省镇江市大学全电美食街项目

一、项目基本情况

　　某大学"逅街"位于镇江市丁卯东风步行街人行道旁，原为流动摊贩早晚摆摊的临时疏导点。该处靠近大学校园，主要客源是在校大学生，人流量较大，原先零散摊点多使用小型煤气炉，造成周边环境污染重、消防安全隐患大。电气化厨具使用电磁技术加热，高温异常断电，无明火、无噪声，安全性高，同时热效率较高，加热速度快，省人、省时、更经济，不需要在燃料购买、储存和管理上增加人力投入，告别传统脏乱差的用餐环境。改造后的"逅街"街景如图 1 所示。

图 1　改造后的"逅街"街景

二、技术方案

1. 方案比较

方案一：管道天然气。

优点：使用方便，厨师使用传统灶具比较熟练，适用于每日使用量较大的室内固定场合。缺点：前期接入费用较高，不适用室外露天场合，存在明火，消防安全要求高。

方案二：电厨具。

优点：前期投入与使用成本较小，加热快，无污染，无噪声，适用性强。缺点：厨师需要适应学习烹饪方式。

2. 方案简述

该处设计摊位约 140 个。根据摊位实际情况，配置电炒锅、电烤炉、电炸锅等，平均每户约 4.5 千瓦。外加照明等用电需求，该项目用能需求约 800 千瓦。

三、项目实施及运营

1. 投资模式及项目建设

该项目由属地街道实施，街道提供场地，引入第三方管理公司，提供摊点设施并负责运营；商贩承租，向管理单位缴纳管理费。

2. 项目实施流程

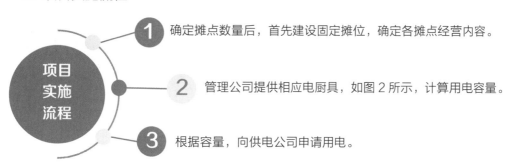

项目实施流程

① 确定摊点数量后，首先建设固定摊位，确定各摊点经营内容。

② 管理公司提供相应电厨具，如图 2 所示，计算用电容量。

③ 根据容量，向供电公司申请用电。

图 2　"逅街"餐饮商户改造后的电厨具

四、项目效益分析

1. 经济效益分析

目前该处已开业摊位 136 个，设备总负荷 650 千瓦，每日运营时间以 6 小时计，每日用电量约为 650 千瓦×6 小时=3900 千瓦时。即使不考虑寒暑假，每年电能替代电量也可达 100 万千瓦时以上。

2. 社会效益分析

节能减排方面，按年电能替代电量 100 万千瓦时测算，相当于每年减排 6500 吨二氧化碳、21 吨二氧化硫、18 吨氮氧化物，为电能替代推广以及环保起到了积极推动作用。

此外由于电厨具没有明火、没有爆炸等安全隐患，有效地保障了群众生命财产安全。

五、推广建议

1. 经验总结

该项目引入专业物业管理单位，在街区范围内全部使用清洁环保的电能，为推广电气化餐饮起到了很好的应用示范作用。国网镇江供电公司将该项目的用电申请纳入业扩报装绿色通道，外线电源接入部分由供电公司投资，为美食街专门新上了公用变压器，为美食街餐饮电气化改造提供了坚强的电力保障。"逅街"全电美食街的开业，一方面有效解决了该地区原先零散摊点煤气炉环境污染重、消防安全隐患大的痼疾，另一方面规避了摊贩私拉乱接，成为当地夜幕降临后一道靓丽的风景线。

2. 推广策略建议

（1）要依托政府。广泛发动基层单位，进一步加强与属地政府、街道、居委会等的日常联系和沟通，常态化宣传电能的安全优势、环保优势、经济优势。要牢牢把握安全保障、环保整治、市容治理等政策契机，大力推动厨房电气化、餐饮电气化工作。

（2）要紧跟市场。积极跟踪电厨具等电气化产品的市场动态，密切关注客户服务需求的发展变化，储备一批烹饪效果佳、产品质量优、使用评价好的厨房电气化产品服务商，为客户提供从电源侧到用电侧的一整套解决建议方案，不断提升电能替代细分市场工作质效。

案例 19
江苏省无锡市校园智能电厨房项目

一、项目基本情况

江苏省无锡市某实验学校现有师生约 1300 人，其中学生约 1100 人、教职员工约 200 人。原来的食堂经营模式为外包给有资质的社会公司，按照中餐的传统模式经营，使用液化石油气为燃料，气化炉进行烹饪。在饭菜制作过程中，相关的配套工作，如择菜、洗菜、洗锅、洗盆、消毒等过程中产生的污水、油烟、环境污染等问题日趋严重。

项目地址位于无锡市滨湖区太湖镇，改造建设周期约 2 个月，设备投资及食堂改造投资总计 220 万元，建成了无烟油、无高温、无污水的全智能化全电食堂。

二、技术方案

1. 方案比较

学校通过对厨房设备厂家的市场调研，无锡某公司进入备选名单，该公司主要开发智能化厨房设备，产品设计思路及理念都符合安全、清洁、高效的初步设计。经过对产品方案的了解，结合学校实际使用情况，确定了厨房设备组合方式，即 3 台智能炒菜机、3 台智能油炸机、3 台智能蒸烧机、3 台智能煮汤机、3 台智能消毒柜、1 台全自动洗碗机，全部设备均以电能为能源，放弃以往的液化石油气和气化炉，厨师炒菜、蒸箱做饭的方式发生了转变。

智能炒菜机如图 1 所示，智能油炸机如图 2 所示。

图 1　智能炒菜机　　　　　　　图 2　智能油炸机

智能蒸烧机如图 3 所示，智能煮汤机如图 4 所示。

图 3　智能蒸烧机

图 4　智能做汤机

智能消毒柜如图 5 所示，全自动洗碗机如图 6 所示。

图 5　智能消毒柜

图 6　全自动洗碗机

2. 方案简介

该项目由政府出资建设，国网无锡供电公司作为推广单位，提前响应客户用电需求，优先实施业扩配套工程，全力支撑厨房电气化改造，无锡某公司作为设备服务商，负责智能电厨房的建设，校方为实际运营主体，负责智能电厨房的日常使用、维护。学校原有配电系统变压器容量为 120 千伏安，而根据改造设备的功率统计（设备总功率约为 250 千瓦），需要增加约 280 千伏安的变压器容量。综合考虑，决定废弃原有老旧的变压器，新上一个 400 千伏安的专用变压器，最为经济可行。同时，食堂的工作时间为 9 点至 13 点，设备会存在交叉使用情况，不影响配电系统的稳定运行。

三、项目实施及运营

1. 投资模式及项目建设

该项目由无锡市政府全额投资,设备采购费用约 120 万元,配套食堂改造费用约 130 万元,总项目投资 250 万元。通过对食堂的制作菜品工艺流程的细致调研,结合实际运行情况,给出初步设计方案。改造前食堂平面图如图 7 所示,经过设计改造后的平面如图 8 所示。

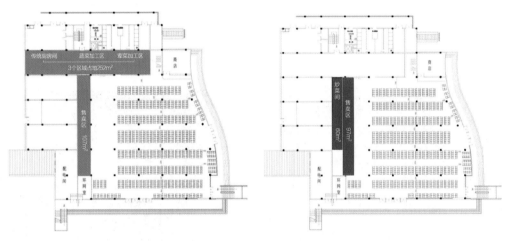

图 7　改造前食堂平面图　　　　　图 8　改造后食堂平面图

经过设计改造后,整个加工区域面积从 359 平方米减少到 157 平方米,使用面积节省了 56%,同时,改造后的场地增加了全身隔离消毒房,为食品加工安全增加了一道保障。

2. 项目实施流程

1　现场勘查,根据增加电厨具数量、功率确定增容容量,确定项目实施方案。

2　开展增容改造工作,同时按照安装要求进行电厨具安装。

3　在所有工作内容均完工后,开展竣工验收及设备调试工作。

四、项目效益分析

1. 经济效益分析

该项目是典型电能替代项目，从以下几个方面体现：

（1）人力成本。改造前厨房人员及开支见表 1，智能化厨房系统人员及开支见表 2。

表 1　　　　　　　　　　　改造前厨房人员及开支

岗位名称	人员数（人）	平均工资（元/月）	小计（元）
厨师长	1	8000	8000
厨师	3	7000	21 000
打菜工及切菜工	10	4000	40 000
洗碗工	3	4000	12 000
整月合计（工资加社保）			81 000

表 2　　　　　　　　　　智能化厨房系统人员及开支（元）

岗位名称	人员数（人）	平均工资（元/月）	小计（元）
事务长	1	7000	7000
厨工	11	4000	44 000
整月合计（工资加社保）			51 000

注　智能厨房所用员工均为普通员工，只需要培训 1~2 天即可上岗，且可轮岗替换，无需专业厨师。员工数量视供应就餐人数而不同。本表仅适用无锡市东绛实验学校。

以上数据，智能化厨房系统在人力成本上比传统的厨房人员配置上节省约 40% 的费用。

（2）能源消耗。经测算，改造前学校厨房每月能耗开支约 1.7 万元，改造后的智能电厨房每月能耗开支约 1.2 万元，采用电能的智能化厨房系统比传统厨房每月节省 0.5 万元。

（3）厨余垃圾。根据统计，每天的食堂垃圾，不含学生的剩饭剩菜，将有约 1000 升，而采用智能化设备后的厨余垃圾仅有 50 升。这得益于智能化厨房使用的是净菜配送系统。

智能电厨房系统实现了菜肴烹制无厨师的智能化操作，精确提取烹饪过程中各项参数，如烹制温度、烹制时间、油量、水量、调味料量等，再把这些参数输入微机程序微电脑会按程序进行自动控制，最终数据能达到高级厨师的水平。现场只需要能操作设备的工人，就能做出高级厨师一般的美味佳肴，并且打造了一个无油烟、无高温、无热气、无废水的西式厨房环境。

根据调研，学生、老师对该系统生产出的食物满意度达到了 90% 以上，这是传统的学校食堂无法达到的指标。综上所述，以电能为主要能源的智能化厨房系统，完全可以替代传统模式的厨房系统。

2. 社会效益分析

该项目每年可增售电量约 17 万千瓦时，相当于每年减排 1105 吨二氧化碳、3.6 吨二氧化硫、3.1 吨氮氧化物。

学校用能消耗虽然在整个社会经济发展中占比较小，但随着科学技术的不断发展，采用有利于整个社会健康进步的技术来保持正常运营，创新工作模式，对于还在学习阶段的孩子来说，也是宝贵的一课，更深层的意义是，让他们看到，科技是推动国家发展建设的重要动力。

五、推广建议

1. 经验总结

（1）智能电厨房设备为新一代智能烹饪设备，集成了中国菜肴最典型的煸炒、蒸烧、煮炸等多种烹调工艺方法于一体，可实现智能化、无线远程化控制、自动化烹饪作业，打造全新的智能厨房系统，能够让中餐智能化、标准化、工厂化，为餐饮行业提供一站式系统解决方案。

（2）通过全电智能厨房的建设，学校在人力成本上比传统的厨房人员配置要节省约 40% 的费用，能源消耗比传统厨房节省 5000 元/月，厨余垃圾比传统厨房减少了 90%，在有效降低运营成本的同时，为客户提供安全、美味、高效的服务。

（3）国网无锡供电公司联合教育局、市场监督局等开展餐饮电气化推广，创新推广"餐饮电气化+用电无忧"一站式服务，为客户提供全电厨房改造建议及相关配套的办电、接电、用电绿色通道，在客户规划阶段提前介入，根植全电厨房理念，提供最优业扩供电方案，最大降低客户接电成本，主动提供合理用电、安全用电服务，显著提升了客户电气化改造体验。

（4）智能电厨房推广注意事项有：一是智能电厨房实施的前提条件是所在区域具备净菜配送的条件；二是使用单位可以通过租赁模式使用智能电厨房设备。

2. 推广策略建议

（1）适用条件。智能电厨房系统是由清洗、加工以及分类的中央净菜中心、负责烹饪的智能厨房设备以及相应的软件、平台等组成，以智能厨房设备为核心，以净菜配送为前提，通过数据打通农场种养、净菜加工、冷链配送、智能厨房设备烹饪、食材溯源等全流程，实现"云端一体"。

（2）目标客户。智能电厨房系统适用于各类团餐单位，如学校食堂、政府单位食堂、机关食堂、企业食堂、工地食堂、餐饮公司、快餐餐饮连锁公司、临时活动快餐点等。

（3）推广策略。

1）加强政策引导，促请政府部门针对学校、政府机关等公共建筑出台实施智能电厨房的支持政策，通过财政拨款的方式，支撑相关单位开展智能电厨房建设。

2）优化服务举措，开通全电厨房业扩报装绿色通道，为客户免费提供电能替代设计服务，快速响应业扩报装需求，优先建设配套电网工程，限时限刻完成接电工作，同步做好用电指导，保证客户办电省时、用电省钱。

3）创新商业模式，联合省综合能源公司、集体企业采用设备租赁、合同能源管理等模式，解决企业投资问题，促进智能电厨房的推广与实施。

案例 20
江西省吉安市校园电气化项目

一、项目基本情况

吉水县某中学有师生 3248 人，其中寄宿生 2800 余人。学校厨房采用燃煤锅炉供应热水和蒸饭，柴火灶和液化气灶炒菜，既不安全经济也不便捷环保。2019 年下半年该校进行搬迁新建，2020 年 8 月底开学投入使用。随着大气污染环境治理，对燃煤、燃油的禁止，以及国网吉水县供电公司市场拓展人员大力宣传电能替代，新校区摒弃了原来所有燃煤、燃柴、燃液化气等能源的使用设备，全部更换成了电气设备，实现了真正意义上的全电校园。

二、技术方案

1. 方案比较

（1）采暖。

1）分散式空调。

优点：安全，安装方便，温度与时间可调节，适用于地理位置较为分散的建筑环境，使用时间选择性强。缺点：一次性投资相对较高，设备功率较大。

2）油汀等传统采暖。

优点：成本相对较低，使用相对方便。缺点：能源利用效率低，使用成本高，供暖效果较差、舒适度低。

（2）餐饮。

1）电厨具。

优点：安全、节能、环保无污染、智能控制、厨房环境佳。缺点：一次性投资相对较多，设备功率较大。

2）燃气厨具。

优点：一次性投入成本较低，厨师使用较为熟练。缺点：易管道泄漏，大量吸入容易引起中毒。遇到明火则会引起燃烧，甚至爆炸。在不完全燃烧下有一氧化碳产生，造成空气污染。工作时周围温度较高，厨房环境不佳。

（3）热水。

1）空气源热泵。

优点：安全性能好，消除了燃气、燃油等设备一定的安全隐患；节能效果突出，投资回报期短，运行成本仅为燃气设备的 1/3 左右；智能化程度高，操作简便。缺点：加热速度慢，热效率不高；受区域限制，空气源热泵容易产生结霜问题，更适合中南地区使用。

2）燃气。

优点：一次性投入成本较低，加热速度相对较快，加热热水温度高。缺点：存在安全隐患，运行成本较高。

通过对比，学校认为分散式空调和空气源热泵适用于学校图书馆、教室、宿舍等布置较分散的房间内供暖（冷）及提供生活热水，各室使用时间选择自由；电磁炉灶炒菜、电蒸饭柜蒸饭的全过程无高温、无明火、无燃气泄漏，设备运行稳定，避免了燃煤燃气锅炉需要配备锅炉运行工人、散煤污染校园环境等弊端，既节能又环保。最终，学校接受了全电校园方案。

2. 方案简述

在图书馆、教室、宿舍等布置较分散的 680 余间房内均采用分散式空调进行清洁供暖（冷）。在厨房安装电蒸饭柜、电炒锅、电汤炉、电洗碗机、切菜机、消毒柜、绞切肉机等厨炊智能先进的电气化产品，为师生提供卫生可口的饭菜，减少人工干预及厨房明火危险点。在 3 栋宿舍楼顶安装空气源热泵解决生活热水的供应。

三、项目实施及运营

1. 投资模式及项目建设

该项目由学校全额投资建设，自主运营，国网吉水县供电公司配合做好配电设施及内部线路改造工作。

2．实施流程

① 学校确定各种电气设备数量并购买，选择好安装位置（有适当空间和电源供给）。

② 学校组织施工单位在确保使用效果的情况下，按照安装要求进行安装。

③ 国网吉水县供电公司做好用电工程建设，并在所有工作内容均完工后，配合学校开展竣工验收及设备调试工作。

四、项目效益分析

1．经济效益分析

　　吉水县某中学校园电气化全覆盖改造建设后，预计年增加替代电量约 130 万千瓦时，新增电费 80.6 万元。

2．社会效益分析

　　从安全方面来看，电气化设备自动化程度高、操作简单方便、运行安全稳定，校园电气化改造能够有效杜绝厨房明火以及燃气泄漏危险，保障整个校园的安全。从节能减排方面来看，项目改造报装用电容量为 2250 千伏安，预计年电能替代电量约为 130 万千瓦时，相当于学校每年减排 8450 吨二氧化碳、2.7 吨二氧化硫、2.4 吨氮氧化物，为电能替代推广以及环保起到了积极推动作用，大大提升了师生的学习生活环境舒适度。

五、推广建议

1. 经验总结

国网吉水县供电公司长期致力于深化校园电能替代工作,努力发掘校园电能替代潜力。在得知该中学计划建设新校区时,国网吉水县供电公司主动作为,提前介入,通过积极宣传电采暖、电厨具、电热水等电能替代技术的优势和意义,成功推动该校采用全套电气化设备,建设全电校园。

2. 推广策略建议

校园电气化是电能替代的重要领域,具有可复制、可推广的特点,也是保民生、保安全的重要体现。建议结合国家电网有限公司启动的校园电气化全覆盖专项行动,聚焦清洁取暖进校园、电厨炊改造、校园能效提升等主题,开展"供电+能效"服务,大力推动校园电气化建设,改善师生生活学习环境。

案例 21
江苏省宿迁市食堂全电厨房项目

一、项目基本情况

宿迁市机关事务管理局下辖食堂是全市最大的机关单位食堂。随着就餐人数不断增加，食堂已无法满足就餐需求，宿迁市机关事务管理局计划开展食堂改造，同步更换一批新的天然气厨具。项目改造方案已经确定，即将进入招标阶段，一旦厨房采用燃气方案，后期再开展厨房电气化改造的难度也随之增大。

国网宿迁供电公司在推广电气化餐饮工作中了解到这一情况，在该项目招标前果断介入，与宿迁市机关事务管理局相关负责人积极沟通，从安全、节能、环保等维度，宣传推广全电厨房。最终宿迁市机关事务管理局决定采用全电厨房方案。改造后的全电厨房如图 1、图 2 所示。

图 1　全电厨房现场照片（一）

图 2　全电厨房现场照片（二）

二、技术方案

1. 方案比较

从安全性、节能性、污染性、智能控制、清洁卫生、工作环境五方面，对电厨具与燃气厨具进行对比分析，见表 1。

表 1　　　　　　　　　　　　　　电厨具、燃气厨具性能对比

性能	电厨具	燃气厨具
安全性	无明火，无煤气中毒，无泄漏引起的操作隐患	（1）明火操作不当，火苗在排风机的助力下会由烟管烧至室外，引起火灾。 （2）燃料为煤气，极易管道泄漏，大量吸入容易引起中毒。遇到明火则会引起燃烧，甚至爆炸
节能性	在热负荷相同的情况下，单位时间内，比燃气灶具节省 40%	
污染性	无燃烧产生的废气排出，无毒气产生	（1）在不完全燃烧下有一氧化碳产生。 （2）燃烧时有大量的二氧化碳从烟囱排出，污染环境
智能控制	根据实际需求，可定时、定温，双系统调节火力。使用方便简洁，功率实时显示，更智能化	根据厨师经验操作，难以把握火候，操作不当，容易产生隐患
清洁卫生	产生的油烟少，油垢少，设备表面干净卫生	极易产生油烟，油粒在高温时会飞出锅体，设备表面油垢难以清除
工作环境	无鼓风机产生的噪声，无火力产生的气流噪声，工作周围因无明火温度相对低，环境舒适	（1）鼓风机噪声大。 （2）明火时气流产生较大的噪声。 （3）工作时周围环境温度相对较高

2. 方案简述

该次厨房电气化改造，建设周期约 10 天，共配置了大锅灶、小炒灶、汤灶、电蒸柜、电煲仔炉、电烤箱等全套厨房电厨具 16 台，增加用电容量约 200 千瓦，可以同时满足超过 1000 人的用餐需求。

三、项目实施及运营

1. 投资模式及项目建设

该项目由宿迁市机关事务管理局全额投资，设备投资及食堂改造投资总计 23 万元，改造设备的总功率约为 200 千瓦，国网宿迁供电公司结合小区增容改造，为客户选择最经济可行的方案，新上一台 630 千伏安的公用变压器。

2. 实施流程

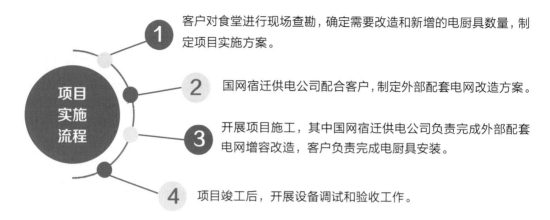

① 客户对食堂进行现场查勘，确定需要改造和新增的电厨具数量，制定项目实施方案。

② 国网宿迁供电公司配合客户，制定外部配套电网改造方案。

③ 开展项目施工，其中国网宿迁供电公司负责完成外部配套电网增容改造，客户负责完成电厨具安装。

④ 项目竣工后，开展设备调试和验收工作。

四、项目效益分析

1. 经济效益分析

电厨具加热效率高达 90% 以上，传统燃气灶热效率仅 30% 左右，宿迁市级机关食堂全电厨房能显著降低食堂的用能成本。以下具体分析大锅灶、小炒灶、汤灶的经济效益。

（1）大锅灶。大锅灶使用不同能源经济效益分析见表 2。

表 2 　　　　　　　　　　大锅灶使用不同能源经济效益分析

项目	电厨具	液化气灶具	天然气灶具	柴油
输入功率	20 千瓦	210 兆焦耳/时=58 千瓦	210 兆焦耳/时=58 千瓦	210 兆焦耳/时=58 千瓦
能效	92%	35%	35%	35%
每日能耗（以 6 小时计）	20 千瓦×6 小时=120 千瓦时	210 兆焦耳/时×6 小时×0.021 7 千克/兆焦耳=27.3 千克	210 兆焦耳/时×6 小时×0.027 6 立方米/兆焦=34.78 立方米	210 兆焦耳/时×6 小时/ 46=27.4 千克
热值转换	1 千瓦时电产生 3.6 兆焦耳热量	1 立方米=2.17 千克液化气产生 100 兆焦耳热量	1 立方米天然气产生 36.22 兆焦耳热量	1 千克柴油产生 46 兆焦耳热量
能源价格	0.6465 元/千瓦时	6.8 元/千克	3.35 元/立方米	6.5 元/千克
计算公式	120 千瓦时×0.6465 元/千瓦时×365	27.3 千克×6.8 元/千克×365	34.776 立方米×3.35 元/立方米×365	27.4 千克×6.5 元/千克×365
年能耗成本	28 317 元	67 759 元	42 527 元	65 006 元
年节约成本	电厨灶与液化气灶比，每年约节约 39 442 元，节约 58%		电厨具与液化气灶比，每年节约 14 193 元，节约 33%	电厨具与柴油灶比，每年节约 36 689 元，节约 56%

（2）小炒灶。小炒灶使用不同能源经济效益分析见表3。

表3　　　　　　　　　　小炒灶使用不同能源经济效益分析

项目	电厨具	液化气灶具	天然气灶具	柴油
输入功率	15 千瓦	180 兆焦耳/时=50 千瓦	180 兆焦耳/时=50 千瓦	180 兆焦耳/时=50 千瓦
能效	90.3%	25%	25%	25%
每日能耗（以6小时计）	15 千瓦×6 小时=90 千瓦时	180 兆焦耳/时×6 小时×0.021 7 千克/兆焦耳=23.4 千克	180 兆焦耳/时×6 小时×0.027 6 立方米/兆焦耳=29.81 立方米	180 兆焦耳/时×6 小时/46=23.5 千克
热值转换	1 千瓦时电产生3.6 兆焦耳热量	1 立方米=2.17 千克液化气产生 100 兆焦耳热量	1 立方米天然气产生36.22 兆焦耳热量	1 千克柴油产生46 兆焦耳热量
能源价格	0.6465 元/千瓦时	6.8 元/千克	3.35 元/立方米	6.5 元/千克
年能耗成本	90 千瓦时×0.6465 元/千瓦时×365=21 238 元	23.4 千克×6.8 元/千克×365=58 079 元	29.81 立方米×3.35 元/立方米×365=36 450 元	23.5 千克×6.5 元/千克×365=55 754 元
年节约成本	电厨具与液化气灶比，每年节约 36 841 元，节约 63%		电厨具与天然气灶比，每年节约 15 212 元，节约42%	电厨具与柴油灶比，每年节约 34 516 元，节约62%

（3）汤灶。汤灶使用不同能源经济效益分析见表4。

表4　　　　　　　　　　汤灶使用不同能源经济效益分析

项目	电厨具	液化气灶具	天然气灶具	柴油
输入功率	15 千瓦	162 兆焦耳/时=45 千瓦	162 兆焦耳/时=45 千瓦	162 兆焦耳/时=45 千瓦
能效	92.3%	30%	30%	30%
每日能耗（以6小时计）	15 千瓦×6 小时=90 千瓦时	162 兆焦耳/小时×6 小时×0.021 7 千克/兆焦耳=21.1 千克	162 兆焦耳/小时×6 小时×0.027 6 立方米/兆焦耳=26.83 立方米	162 兆焦耳/小时×6 小时/46=21.1 千克
热值转换	1 千瓦时电产生3.6 兆焦耳热量	1 立方米=2.17 千克液化气产生 100 兆焦耳热量	1 立方米天然气产生36.22 兆焦耳热量	1 千克柴油产生46 兆焦耳热量
能源价格	0.6465 元/千瓦时	6.8 元/千克	3.35 元/立方米	6.5 元/千克
计算公式	90 千瓦时×0.6465 元/千瓦时×365	21.1 千克×6.8 元/千克×365	26.83 立方米×3.35 元/立方米×365	21.1 千克×6.5 元/千克×365
年能耗成本	21 238 元	52 370 元	32 806 元	50 059 元
年节约成本	电厨具与液化气灶比，每年约 31 132 元，节约 59%		电厨具与天然气灶比，每年节约 11 568 元，节约35%	电厨具与柴油灶比，每年节约 28 821 元，节约58%

经过测算，使用电厨具整体用能成本相比燃气节约 40% 左右，预计改造后的全电厨房年增收电量 35 万千瓦时，为客户节约能源费用支出达到 15 万元。

2. 社会效益分析

①　有利于提升厨房安全消防水平

瓶装燃气是目前最为普遍的餐饮行业用能方式，存在气体泄漏中毒、燃烧爆炸等安全隐患。电气化厨房具备烹饪无明火、操作智能便捷、自动断电保护等特点，可以显著提升厨房安全系数。

②　节能减排方面

按年电能替代电量 35 万千瓦时测算，相当于每年减排 280 吨二氧化碳、7.5 吨二氧化硫、6.5 吨氮氧化物，为电能替代推广以及环保起到了积极推动作用。

五、推广建议

1. 经验总结

（1）国网宿迁供电公司在拓展市政府能源托管项目时，了解到机关事务管理局食堂仍在使用天然气厨具，便以此次改造为契机，成功推动了宿迁市首家机关食堂的"全电厨房"改造计划，抢占了市场。

（2）项目实施过程中，国网宿迁供电公司各部门通力合作，将公用变压器调配、外线配套、业扩增容等各环节时间充分压缩，从确定全电厨房方案到设备送电投运，仅花费不到 10 天。

2. 推广策略建议

（1）依托政府拓展典型应用。为有效提升宿迁市级机关单位对全电厨房的认知，国网宿迁供电公司推动市政府，组织了 22 家单位参加公共机构食堂安全和节能工作观摩会，会议指出行业主管部门要履行起社会责任，发挥好公共机构的示范引领作用，机关新建和改造食堂、新建学校、新建医院等优先采用全电食堂。会后，宿迁市应急管理局、商务局、公安局、日报社、交通集团等多家单位均有意向进行全电厨房改造。

（2）对接行业主管部门，争取政策支持。一是对接消防支队，在安全生产专项整治行动中，明确大力消除餐饮场所风险隐患，积极推广餐饮场所"气改电"，降低餐饮场所火灾风险。二是对接污染防治主管部门，刊登餐饮行业电气化改造工作专报，报送市领导及污染防治工作相关部门，推广典型案例。

（3）提升业扩效率，提供增值服务。简化流程，快速落实客户因厨房电气化改造引起的配套电网工程建设，缩短客户接电时间，降低客户改造成本。同时，为政企单位提供免费用能分析、免费电气设备体检等增值服务。

案例 22
河北省秦皇岛市社区全电食堂项目（冀北）

一、项目基本情况

　　某黄金海岸社区位于秦皇岛市昌黎县黄金海岸风景区沿线，社区餐饮建设需充分考虑对周边生态环境的影响，以及社区附近能源管道建设情况。建设三个以全电自动化食堂为核心的社区食堂，应用电磁灶、电蒸箱、电烤箱、电炸锅等一系列电厨炊设备，一举解决偏远社区的餐饮配套和黄金海岸风景区生态保护问题，为沿海旅游区控制餐饮业污染找到了新出路。

二、技术方案

1. 方案比较

　　方案一：燃气食堂。优点：火力足，火候易调节，厨师习惯操作。缺点：易产生污染，安全隐患较大，受燃气管道范围限制。

　　方案二：全电食堂。优点：热效率高，节能低碳，无废气排放，安全性高，可实现火力智能精准控制。缺点：烹饪工具选择受限，只能使用专用锅具。

　　由于该项目位于黄金海岸风景区，位置较为偏远，无燃气管线覆盖，且需加强对景区生态环境的保护，因此社区食堂选择建设全电食堂。

2. 方案简述

　　该黄金海岸社区内设置三个社区食堂，按照业主及游客需求可提供各种类型的中餐、西餐、饮品等，并划分备餐区、清洁区、就餐区。根据各类用餐需求，结合各类餐品烹饪需要，配置电厨炊设备。

　　（一）家常中餐区

　　配置 30 千瓦双头电炒灶 6 台，设备照片如图 1 所示；15 千瓦单头电磁灶 6 台，设备照片如图 2 所示。

图 1　30 千瓦双头电炒灶

图 2　15 千瓦单头电磁灶

配置 2 千瓦电煮锅 3 台，照片如图 3 所示；24 千瓦电蒸箱 6 台，设备照片如图 4 所示。

图 3　2 千瓦电煮锅

图 4　24 千瓦电蒸箱

（二）火锅区

配置 4 千瓦火锅用电磁炉 20 台，设备照片如图 5 所示。

图 5　4 千瓦火锅用电磁炉

（三）面食区

配置 15 千瓦电磁灶 6 台，设备照片如图 6 所示；5 千瓦电饼铛 3 台，设备照片如图 7 所示；2 千瓦电煮锅 6 台。

图 6　15 千瓦电磁灶　　　　　　　　　图 7　5 千瓦电饼铛

（四）甜品区

配置 6.4 千瓦电烤箱 3 台，设备照片如图 8 所示。

（五）小吃区

配置 9 千瓦电炸锅 3 台，设备照片如图 9 所示。

图 8　6.4 千瓦电烤箱　　　　　　　　　图 9　9 千瓦电炸锅

（六）饮料区

配置 1.6 千瓦电咖啡机、冷热饮料机各 3 台，设备照片如图 10 所示。

（七）备餐区

配置 0.2 千瓦电冷柜 6 台，设备照片如图 11 所示。

图 10　1.6 千瓦电咖啡机、冷热饮料机

图 11　0.2 千瓦电冷柜

三、项目实施及运营

1. 投资模式及项目建设

　　该项目建设范围包括：6 台 30 千瓦双头电炒灶、6 台 15 千瓦单头电磁灶、3 台 2 千瓦电煮锅、6 台 24 千瓦电蒸箱、20 台 4 千瓦火锅用电磁炉、6 台 15 千瓦电磁灶、3 台 5 千瓦电饼铛、6 台 2 千瓦电煮锅、3 台 6.4 千瓦电烤箱、3 台 9 千瓦电炸锅、3 台 1.6 千瓦电咖啡机、3 台冷热饮料机、6 台 0.2 千瓦电冷柜及其他配套电力设施，总投资约 2500 万元，由客户出资建设、自主运营。

2. 项目实施流程

项目实施流程

1　国网昌黎县供电公司开展现场勘查，了解客户当前用能情况。

2　国网昌黎县供电公司根据现场用能需求提出全电食堂电能替代技术方案。

3　国网昌黎县供电公司与客户共同确定实施方案。

4　客户组织设备采购、现场施工、试运行及验收工作。

四、项目效益分析

1. 经济效益分析

该项目建成后，经测算，为社区减少用能成本及选材、面案、清洁等人工成本约 453.6 万元，社区全电食堂全年用电量约为 225.75 万千瓦时，为公司增加电费收入约 117.39 万元。

2. 社会效益分析

项目大大提升了该黄金海岸社区的服务质量及社区食堂就餐环境，每年可减排 14 677 吨二氧化碳、4.8 吨二氧化硫、4.2 吨氮氧化物。全电食堂无油烟污染，食堂环境整洁，提高社区业主的生活品质，确保餐饮区的安全可靠性，促进社区入住率不断提升。

五、推广建议

1. 经验总结

项目主要亮点

项目前期广泛开展市场调研，摸排食堂用能类型及用能成本，了解社区业主及游客用餐需求，合理推广全电食堂内各类型电能替代技术。

项目实施过程中积极协助客户实施餐饮电气化内外部工程改造，制定合理用电方案，降低客户的投资和运营成本，推动项目落地实施。定期开展设备及线路检查，做好全电食堂用电可靠性保障工作。

项目结合秦皇岛市生态文化立市建设滨海名城的发展战略，瞄准黄金海岸风景区全面绿色发展需求，一举解决偏远社区的餐饮配套和黄金海岸风景区生态保护问题，为沿海旅游区控制餐饮业污染找到了新出路。

注意事项及完善建议

　　在商业餐饮领域推广电厨炊技术的外电源改造及电价政策方面，促请政府出台相关投资补贴政策，降低改造及使用成本，推动餐饮行业电气化可持续发展。

　　对于类似该项目的大型社区食堂改造项目，属地综合能源公司可积极参与投资建设，以全电食堂为基础，挖掘住宅电采暖、社区整体运维托管等相关潜力项目。

　　2. 推广策略建议

　　（1）餐饮行业在推广"全电厨房"过程中存在很多困难和问题，中式餐饮在煎炒烹炸等方面很注重火候大小的把控，设备技术厂家应加强对技术的升级，确保菜品口感满足百姓需求。

　　（2）可在燃气管道暂无覆盖的地区率先推广全电厨房，并以此类客户为示范，向其他餐厅推广"气改电"。

案例 23
江苏省扬州市社区全电厨房项目

一、项目基本情况

琼花观社区位于江苏省扬州市"双东"历史文化街区，面积 31 万平方米，居民住户 3006 户、8721 人。辖区内散布着东关古渡、熊成基故居、壶园等人文古迹。2012 年该社区率先在全市创办了社区助餐中心，每天为周边约 150 人次的孤寡老人提供助餐服务，九年来累计服务老城区 30 多万人次。

社区助餐中心刚开始采用煤气烹饪方式，安全系数较低，厨房油烟情况比较严重。为进一步改善烹饪环境，通过第三方对社区助餐中心实施电气化改造，实现了安全环保、高效经济、智能便捷的全电厨房，打造了舒适的烹饪环境。

二、技术方案

1. 方案比较

方案一：电厨具。自动感应加热技术，无明火及可燃气体，可实现自动断电保护，不存在燃气泄漏和爆炸危险；热效率高达 90% 以上，是传统燃灶 3 倍以上，可有效降低成本 20%～45%；一体化成型、全密闭式的结构，便于清洁，杜绝卫生死角；采用自动化控制技术，具备自动翻炒、智能温控、明火仿真等功能。

方案二：燃气灶具。明火操作，工作时周围环境温度相对较高，稍有不当可能引起火灾；燃料为煤气，极易管道泄漏，不完全燃烧时产生一氧化碳，大量吸入容易引起中毒；极易产生油烟，油粒在高温时会飞出锅体，设备表面油垢难以清除，鼓风机噪声大。

经过比较，采用电磁灶具在环境、安全、经济等方面具有显而易见的优点。因此，决定将琼花观社区助餐中心的燃气灶具全部更换为电磁灶具。

2. 方案简述

琼花观社区助餐中心将原先的煤气罐改造，全部采用电厨炊具，引进 1 台 35 千瓦的双眼电磁炒灶、1 台 12 千瓦的单眼电磁矮汤炉、1 台 11.2 千瓦的四头电磁煲仔炉和

1 台 12 千瓦的电磁单门蒸饭柜，为保证设备的正常使用，将社区助餐中心的线路进行改造增容，用电容量从 30 千瓦增容到 130 千瓦。

电厨具现场图如图 1 和图 2 所示。

图 1　电厨具现场图（一）

图 2　电厨具现场图（二）

三、项目实施及运营

1. 投资模式及项目建设

该次改造采用"能源托管型"合同能源管理模式，即由国网扬州供电公司牵头，项目改造前对社区助餐中心的线路进行改造增容，琼花观社区委托第三方公司对现有的助餐中心厨房进行全电化改造，合同期 10 年。合同期内，由第三方公司对该厨房设备的日常运营维护及管理给予技术支持，社区每年按照约定向第三方公司支付全电化厨房使用、技术支持及运维费用，并由第三方公司负责代缴社区助餐中心产生的电费。合同到期后，厨电设备产权归社区所有。

2. 项目实施流程

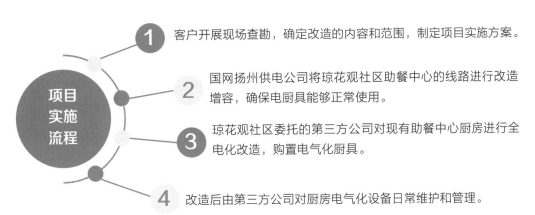

项目实施流程

1 客户开展现场查勘，确定改造的内容和范围，制定项目实施方案。

2 国网扬州供电公司将琼花观社区助餐中心的线路进行改造增容，确保电厨具能够正常使用。

3 琼花观社区委托的第三方公司对现有助餐中心厨房进行全电化改造，购置电气化厨具。

4 改造后由第三方公司对厨房电气化设备日常维护和管理。

四、项目效益分析

1. 经济效益分析

项目改造前，琼花观社区助餐中心年均电费 1.8 万元，年均煤气费 2.4 万元。改造完成后，每年的能源托管支付费用 3 万元。综上，社区每年可节约费用约 1.2 万元。

2. 社会效益分析

该项目不仅提升了社区厨房安全系数和环境感知，降低社区的一次性投入成本，助力社区更好地提供便民服务，而且每年可增售电量约 2 万千瓦时，相当于每年减排 130 吨二氧化碳、0.425 吨二氧化硫、0.37 吨氮氧化物。

五、推广建议

1. 经验总结

项目主要亮点

该项目在前期调研过程中，了解到社区获得的财政拨款基本用于孤寡老人服务及社区的相关活动，无法投入足够资金用于全电厨房的改造。

针对社区的这一痛难点，该次改造采用"能源托管型"合同能源管理模式，即由国网扬州供电公司牵头，促成社区与社会具有全电厨房建设经验的第三方公司的商务洽谈，琼花观社区委托第三方公司对现有的助餐中心厨房进行全电化改造，在合同期内，由第三方公司对该厨房设备的日常运营维护及管理给予技术支持，社区每年按照约定向第三方公司支付全电化厨房使用、技术支持及运维费用，并由第三方公司负责代缴社区助餐中心产生的电费。合同到期后，厨电设备产权归社区所有。

注意事项及完善建议

在合同期内，由第三方公司对该厨房设备的日常运营维护及管理给予技术支持，负责代缴社区助餐中心产生的电费，在此过程中需要社区严格把关第三方公司操作的规范化、指导的及时性等，确保社区助餐中心的正常运营，考核通过后再按照约定向第三方公司支付全电化厨房使用、技术支持及运维费用。

2. 推广策略建议

结合基层社区集中养老的普遍现象，通过线上媒体宣传，线下社区讲解的方式对全电厨房的概念、社会效益和经济效益进行大范围宣贯，对社区助餐中心进行全电厨房的改造。

案例 24
四川省广元市"绿色火锅联盟"项目

一、项目基本情况

火锅是四川的特色餐饮,前期国网四川电力结合四川火锅餐饮文化积淀,主动适应餐饮消费追求清洁、安全、高效的需求,以餐饮业最发达的成都地区为突破口,通过狮子楼、皇城老妈等品牌连锁店示范引领省内火锅"气改电",被人民日报誉为"电能替代的四川味道",取得了良好的示范效应,目前火锅"气改电"工作已在全省范围内进行全面推广。

四川省广元市的"电火锅"商家呈现位置分散、宣传推广不统一、规模效益不高的问题。国网广元供电公司牵头打造"绿色火锅联盟",邀请电火锅商家自愿参与,以加快推广电火锅品牌,统一宣传口径,提升规模效益,切实提升"电火锅"商家的市场竞争力,从而打造出良好的电能替代市场氛围,再以该联盟为平台,持续进行电能替代宣传工作。

二、技术方案

1. 方案比较

方案一:燃气火锅。燃气火锅温控差,会产生有害气体,存在燃气爆炸危险。

方案二:电火锅。电火锅操作便捷、温控好、清洁环保、安全稳定,可有效提升客户就餐体验、环境舒适性和上座率,还能满足对环境舒适性要求高的特殊用户(如:孕妇)的需求。

客户综合各方面的影响,选择方案二,采用电火锅替代燃气火锅。

2. 方案简述

为不断强化电能替代广度和深度,创新打造"绿色火锅联盟",优化市场营销手段,共享市场营销资源,推动电能替代工作取得新突破。开通电火锅商家办电绿色通道,客户经理开展全过程跟踪服务,积极落实电能替代优惠政策,免费提供安全用电检查和应急供电服务，吸引火锅商家进行电气化改造。强化"绿色火锅联盟"商家整体联动，挂牌"绿色火锅联盟"标识，绘制绿色火锅地图，举办"缴纳电费享电火锅优惠"活动，提升电火锅市场竞争力，促进电量增长。通过微信公众号、官方微博、外部媒体多个渠道宣传电火锅商家。

（1）设计制作统一宣传标志。"绿色火锅联盟"标识如图 1 所示。

图 1　"绿色火锅联盟"标识

（2）挂牌。挂牌仪式如图 2 所示，增加"联盟"凝聚力。

图 2　挂牌仪式

（3）组织活动。2019 年 12 月选取了 9 家电火锅商家在广元市范围内开展了"绿色健康、美味先行之你心中最美味绿色火锅"网络评选活动，在微信、微博、抖音上进行了大量宣传，"电火锅"商家们也积极参与，取得了很好的宣传效果。投票活动如图 3 所示。

图 3　投票活动

三、项目实施及运营

1. 投资模式及项目建设

该项目属于客户商业活动需求产品，由客户自行投资建设，自主运营，生产经营情况自行把握。

2. 项目实施流程

项目实施流程

1 通过供电公司、公众号、外部媒体等多个渠道向社会宣传"电火锅"的清洁、舒适、安全等优势，积极引导顾客前往联盟商家消费。

2 设计"绿色火锅联盟"品牌 LOGO，并制作成工艺精良的标识牌张贴联盟商家店门口，方便顾客识别。

3 收集联盟商家的火锅餐饮店的店名、联系电话、经纬度等信息，在"掌上电力"App 中参照"营业网点"分布图模式，增设"电火锅"分布图，方便顾客查找。

4 结合"掌上电力"App 推广，不定期举办"吃绿色火锅 拿电费红包"推广活动，根据顾客的消费金额赠送电费红包，吸引顾客进店消费。

四、项目效益分析

　　广元市利州区某火锅店面积 1000 余平方米，大厅改造 10 桌，卡座改造 10 桌，包间改造 11 个，可容纳 300 余人同时就餐。申请容量 150 千伏安，380 伏供电，2019 年用电 12 754 千瓦时，电费 11 176 元。

　　按每户年用电量 1 万千瓦时计算，目前广元电火锅商家 70 余户，电火锅电能替代电量每年超过 70 万千瓦时，相当于每年减排 4550 吨二氧化碳、1.5 吨二氧化硫、1.3 吨氮氧化物，为电能替代推广以及环保起到了积极推动作用。

五、推广建议

　　通过打造"绿色火锅联盟"的方式，将电火锅商家纳入整体管控，以加快推广电火锅品牌。公司对加入联盟的火锅商家进行统一服务，使电火锅商家形成合力，切实提升"电火锅"商家的市场竞争力，从而打造出良好的电能替代市场氛围，再以该联盟为平台，持续进行电能替代宣传工作。